"十三五"高等职业教育国家规划教材

应用物理基础(1)
YINGYONG WULI JICHU

(第二版)

主　编　胡五生　李小平
副主编　薛协召　刘　弯
　　　　崔宗超　张战杰

河南大学出版社
·郑州·

图书在版编目(CIP)数据

应用物理基础.1/胡五生,李小平主编.—2版.—郑州:河南大学出版社,2018.4
ISBN 978-7-5649-3283-1

Ⅰ.①应… Ⅱ.①胡… ②李… Ⅲ.①应用物理学 Ⅳ.①059

中国版本图书馆 CIP 数据核字(2018)第 088742 号

责任编辑　郑　鑫　李亚涛
责任校对　张雪彩
助理校对　乔　慧
封面设计　陈盛杰

出版发行　河南大学出版社
　　　　　地址:郑州市郑东新区商务外环中华大厦2401号　　邮编:450046
　　　　　电话:0371-86059712(高等教育出版分社)
　　　　　　　　0371-86059713(营销部)　　　　　　　　　网址:www.hupress.com
排　　版　郑州市今日文教印制有限公司
印　　刷　辉县市伟业印务有限公司
版　　次　2014年5月第1版　　　　　　　　　　　　　　印　次　2018年6月第4次印刷
　　　　　2018年6月第2版
开　　本　787mm×1092mm　1/16　　　　　　　　　　　印　张　10
字　　数　169千字　　　　　　　　　　　　　　　　　　定　价　26.50元

(本书如有印装质量问题,请与河南大学出版社营销部联系调换)

前　言

《应用物理基础》是专门为五年制高职学生编写的一套物理教材。物理课是五年制高等职业教育理工科各专业必修的一门基础课。我们知道，课程建设是高等职业教育专业建设的重要组成部分，而课程建设离不开教材的开发、建设和推广应用。在本教材的开发和建设的过程中，我们充分考虑到五年制高职学生的学习基础和年龄特点，遵循"知识、素质与能力的有机结合"、"物理基础知识与专业需求的有机结合"的原则，以学生"自主学习"为目标，以"易教易学"为特色，对物理的教学内容进行适当的选择和编排，以达到"边学边练，当堂掌握"的课堂教学效果。

本教材的编写具有以下几个特点。

（1）针对五年制高职学生的文化课基础普遍较薄弱这一特点，降低了编写的起点，将初中物理的一些基本概念和基础知识融入本教材中，切实做到让学生在教学中感觉到"零起点"、"无障碍"，能够满足各种层次学生的需求。

（2）叙述深入浅出、通俗易懂。为了降低难度，对物理概念和规律的引入，尽量避免复杂的推导，同时也精简了一些偏难的、与专业需求联系不是很密切的教学内容，注重基本概念、基本规律、基本方法，突出基础性和实用性，加强了对学生的自主学习能力、分析问题和解决问题能力的培养。

（3）每一章后面都有一个"阅读园地"。这些内容一部分是对教材内容的适当拓宽和加深，以拓宽学生的知识面和视野；另一部分是讲述一些伟大的物理学家对自然科学卓越的贡献，讲述他们研究问题的思路和方法，以培养学生的物理精神、提高学生的科学文化素养。

（4）每一小节的后面都有一个练习题，这些练习题是针对本节的重点和难点内容编排的，题量适中，难易结合，既有利于巩固学生对本节知识的理解，又有利于实现"边学边练，当堂掌握"的课堂教学目标。每一章后边还有一个复习题，有利于学生自主学习，自我检测。

本教材分两册，第1册内容包括质点运动的描述、直线运动规律、力的概念、力的合成与分解、物体的平衡、牛顿运动定律、曲线运动、万有引力定律、功和能等，共7章。考虑到目前五年制高职学生的实际情况，本册内容建议授课时数为 108 学时左右,供五年制高职一年级使用。

  本教材由胡五生、李小平担任主编,各章节具体编写分工如下:胡五生(第 1 章),李小平(第 2 章、第 6 章),刘弯(第 3 章),崔宗超(第 4 章),薛协召(第 5 章),张战杰(第 7 章)。

  本教材在编写的过程中得到许多同行的指导和建议,并参阅了相关教材,在这里一并表示感谢。

  由于编者水平有限,加之时间仓促,教材编写中难免有纰漏之处,真诚欢迎各位专家、学者和读者批评指正,以便修订时进一步完善。

编 者
2017 年 6 月

目　录

第 1 章　运动的描述　/1
　　§1.1　机械运动和质点　/1
　　§1.2　参考系和坐标系　/3
　　§1.3　位置变化的描述——位移　/6
　　§1.4　运动快慢的描述——速度　/9
　　§1.5　速度变化快慢的描述——加速度　/12
　　阅读园地：各种物体的速度　/17

第 2 章　直线运动　/21
　　§2.1　匀速直线运动及其规律　/21
　　§2.2　匀变速直线运动的速度与时间的关系　/24
　　§2.3　匀变速直线运动的位移与时间的关系　/28
　　§2.4　匀变速直线运动的速度与位移的关系　/31
　　§2.5　自由落体运动　/32
　　阅读园地：伽利略对自由落体运动的研究　/36

第 3 章　力和物体的平衡　/41
　　§3.1　力的概念　/41
　　§3.2　重力　/44
　　§3.3　弹力　/46
　　§3.4　摩擦力　/48
　　§3.5　受力分析　/51
　　§3.6　力的合成　/53
　　§3.7　共点力作用下物体的平衡　/55
　　§3.8　力的分解　/58
　　阅读园地：力的种类　/62

第 4 章　牛顿运动定律　/66
　　§4.1　牛顿第一定律　/66

§4.2　牛顿第二定律　/69
§4.3　力学单位制　/72
§4.4　牛顿第三定律　/75
§4.5　牛顿运动定律的应用　/78
阅读园地：用动力学方法测质量　/81
阅读园地：伟大的物理学家——牛顿　/84

第5章　曲线运动　/90
§5.1　曲线运动　/90
§5.2　平抛运动　/92
§5.3　匀速圆周运动　/96
§5.4　向心加速度和向心力　/99
阅读园地：离心运动　/103

第6章　万有引力定律　/108
§6.1　行星的运动　/108
§6.2　万有引力定律　/111
§6.3　人造地球卫星和宇宙速度　/114
阅读园地：载人航天时代的到来　/117

第7章　功和能　/124
§7.1　功　/124
§7.2　功率　/129
§7.3　动能和动能定理　/131
§7.4　重力势能　/136
§7.5　机械能守恒定律　/140
§7.6　能量守恒定律　/144
阅读园地：弹性势能　/147

第1章 运动的描述

在我们的周围,到处可以看到物体的运动。汽车在行驶,大海在奔腾,雄鹰在翱翔,树叶在摆动——自然界的物体都在不停地运动。我们认为不动的物体,如树木、房屋、桥梁、青山等,其实也都在随地球一起运动,同时整个太阳系又围绕着银河系以每秒 250 公里的速度运动。物质内部的分子、原子也在永不停歇地运动着。运动是物质存在的形式,是自然界的最基本规律。亚里士多德有句名言——"不了解运动就不了解自然。"

本章主要学习跟机械运动有关的基本概念和物理量,如质点、参考系、路程和位移、平均速度和瞬时速度、加速度等。

§1.1 机械运动和质点

机械运动 汽车在公路上飞驰,轮船在大海中航行,足球在绿茵场上飞滚,货物在吊钩上升降等,这些运动都有一个共同特点,那就是汽车相对于公路旁的树木,轮船相对于码头,足球相对于绿茵场,货物相对于地面,它们的位置都发生了变动。

一个物体相对于另一个物体的位置的变化叫机械运动,简称运动。宇宙间万物都在永不停息地运动着。远处的高山,近处的楼房,公路边的站牌,车间的机床等物体看似静止,其实它们都随地球一起运动着,同时太阳系又在绕银河系运动。"坐地日行八万里,巡天遥看一千河"说的就是这个道理。

质点 实际物体都有一定的大小和形状,运动物体上各点的运动情况并不完全一样。例如,一列正在从北京开往上海的火车,既有火车整体相对于地面的运动,又有车轮的转动,甚至还有车体的震动等,可见要准确而又详细地描述火车的运动,并不是一件容易的事。但是,在某些情况下,例如,我们只关心该火车从北京开往上海的整体运动的快慢,由于火车的长度比北京到上海的距离小很多,此时完全可以忽略火车的大小、形状以及各部位运动的差异,只突出火车整体运动这个主要因素,从而把火车看作一个有质量的点,这个点就叫质点。

用来代替物体的没有形状和大小,具有物体全部质量的点叫作质点。

一个物体能否被看作质点,要以研究问题的性质而定,与物体自身体积的大小、质量的大小和运动的快慢都无关。只要物体的形状和大小对所研究问题的影响很小或者没有影响时,该物体就可以被看作质点。例如,当我们研究地球公转时,由于地球的直径远远小于地球和太阳之间的距离(地球的直径只有 1.3×10^4 km,还不到它到太阳距离 1.5×10^8 km 的万分之一),这时就可以忽略地球的形状和大小,把它看作质点。但是,在研究地球自转时,由于地球上各点相对于地轴的距离不一样,它们绕地轴自转的情况相差甚远,所以研究地球自转时,就不能忽略地球的形状和大小,也就不能把地球看作质点了。

一般情况下,当我们研究物体的整体运动快慢或整体运行轨道时,常把它们看作质点。当我们研究物体的转动或者调整姿态等问题时,例如,火车车轮的运动,飞船飞行姿态,花样滑冰运动员的表演,这时往往不能把它们看作质点。

质点是一种理想化的物理模型。所谓模型,就是人们为了便于研究问题而对认识对象所做的一种简化描述。物理学中常常把所研究的客观实体抽象为理想化模型。这种理想模型的方法,常将研究对象简化,抓住它的主要特征,舍去大量具体细节,使物理研究得以顺利进行。

在本书中,若不是特别指明,都是把物体当作质点来处理的。

练习一

1. 一个物体相对于另一个物体的_____叫机械运动。

2. 当物体的形状和大小对所研究问题的影响很小或者没有影响时,我们可以把这个物体看作一个没有_____和_____,具有_____的点,即质点。

3. 下列关于质点的说法正确的是(　　)。

A. 质点是自然界客观存在的

B. 因为质点没有大小,所以与几何中的点没有区别

C. 凡运动速度较小的物体,都可以看作质点

D. 如果物体的大小和形状对所研究的问题属于无关或次要因素,就可以把物体看作质点

4. 下列关于质点概念的描述正确的是(　　)。

　A. 体积很小的物体就可以被看作质点

　B. 质量很小的物体就可以被看作质点

　C. 在研究一个问题时,一个物体可以被看作质点,那么在研究另一问题时,该物体也一定能被看作质点

　D. 一个物体能否被看作质点,要根据所研究问题的具体情况而定

5. 下列情形中,不能把物体看作质点的是(　　)。

　A. 观看跳水运动员在空中做翻滚动作

　B. 研究地球的公转问题

　C. 研究火车从郑州到北京整体运行的平均快慢程度

　D. 研究"神舟 10 号"飞船绕地球飞行周期

6. 下列情形中,可以把物体看作质点的是(　　)。

　A. 研究乒乓球各种旋转的打法

　B. 一枚硬币向上抛,猜测它落地时是正面朝上还是反面朝上

　C. 研究奥运冠军邢慧娜在万米长跑中不同阶段的快慢

　D. 观看花样滑冰运动员在比赛中的表演

7. 在以下哪些情况下,可将物体看作质点(　　)。

　A. 研究某学生骑车回校的速度

　B. 对某学生骑车姿势进行生理学分析

　C. 研究地球自转

　D. 研究火星探测器降落火星后如何探测火星的表面

§1.2　参考系和坐标系

参考系　我们知道,宇宙中一切物体都在不停地运动着,当我们研究某个

物体的运动时,就要先选取周围的另一物体作为参考,事先假设选作参考的这个物体是不动的,以它为标准来判断研究对象的位置是否变动。**在研究物体运动时,被选作参考标准的物体叫作参考系**。如果一个物体相对于参考系的位置发生了变化,这表明这个物体相对参考系是运动的;如果一个物体相对于参考系的位置没有发生变化,这表明这个物体相对参考系是静止的。

研究同一物体的运动,选择的参考系不同,得到的结果也可能不一样。例如,对于坐在匀速行驶火车中的乘客(图1-1所示),如以车厢为参考系,车中乘客是静止的;如以路旁的电线杆(或地面)为参考系,则车中乘客是运动的。可见,物体运动的描述跟所选参考系有关,参考系不同,对同一物体运动的描述也就可能不同,机械运动的这种性质称为**运动描述的相对性**。

图1-1 车中乘客是静止的还是在运动

研究一个物体运动时,参考系是可以任意选取的。观察在河里游泳的人的运动,可选取河岸为参考系,也可选取在河上航行的船只为参考系。研究某个行星的运动时,可以选取地球为参考系,也可以选取太阳为参考系。但是,实际选取参考系时,往往要考虑研究问题的方便,使运动的描述尽可能简单。一般地,研究物体在地面上运动时,常以地面或相对于地面静止的物体作为参考系;研究太阳系中行星的运动时,应以太阳为参考系;研究地球自转时,要以地轴为参考系。在以后研究的各种运动中,如无特殊说明,均按上述原则选取参考系,不再特别指明参考系。

坐标系 为了定量地描述物体的位置及位置的变化,需要在参考系上建立适当的坐标系。当物体沿直线运动时,往往以这条直线为 x 轴,在直线上选定坐标原点、正方向和单位长度,这就是直线坐标系(也叫一维坐标系)。如图1-2所示,就是一个直线坐标系,某一物体运动到 A 点,此时它的位置坐标 $x_A=2$ m;当它运动到 B 点,则此时它的坐标 $x_B=-1$ m。如果物体在一个平面内运动,我们就需要在参考系上建立 xoy 平面直角坐标系。

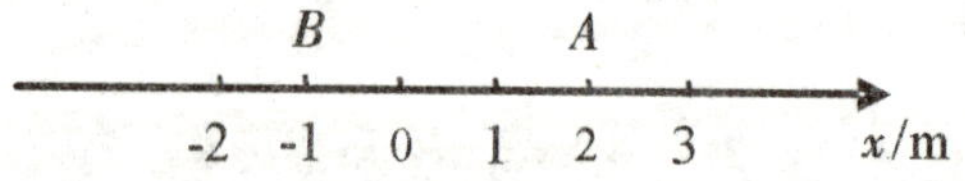

图1-2 直线坐标系

练习二

1. "小小竹排江中游,巍巍青山两岸走。"选取_____为参考系,竹排是运动的;选取_____为参考系,青山是运动的。

2. "抬头望明月,月在云中行。"诗句中选取的参考系是_____。

3. 唐代有人用诗描写运动的相对性:"满眼风波多闪烁,看山恰似走来迎,仔细看山山不动,是船行。"其中,"看山恰似走来迎"一句是选_____为参考系;"仔细看山山不动,是船行。"一句是选_____为参考系。

4. 两列火车平行地停在一站台上,过了一会儿,甲车内的乘客发现窗外树木在向西移动,乙车内的乘客发现甲车仍没有动,若以地面为参考系,上述事实说明(   )。

    A. 甲车向东运动,乙车不动

    B. 乙车向东运动,甲车不动

    C. 甲车向西运动,乙车向东运动

    D. 甲、乙两车以相同的速度向东运动

5. 我们描述某个物体的运动时,总是相对一定的参考系。下列说法正确的是(   )。

    A. 我们说:"太阳东升西落",是以太阳为参考系的

    B. 我们说:"地球围绕太阳转",是以地球为参考系的

    C. 我们说:"同步卫星在高空静止不动",是以太阳为参考系的

    D. 坐在火车上的乘客看到铁路旁的树木、电线杆迎面向他飞奔而来,乘客是以火车为参考系的

6. 以北京长安街为坐标轴 x,向东为正方向,以天安门中心所对的长安街中心为坐标原点 O,建立直线坐标系,一辆汽车最初在原点以西 3 km 处,几分钟后行驶到原点以东 2 km 处。这辆汽车最初位置和最终位置的坐标分别是(   )。

    A. $3\text{ km},2\text{ km}$ B. $-3\text{ km},2\text{ km}$

    C. $3\text{ km},-2\text{ km}$ D. $-3\text{ km},-2\text{ km}$

§1.3 位置变化的描述——位移

为了描述质点的运动,我们还要对时间、时刻等一些耳熟能详的词语有更为确切的认识。

时间和时刻 在物理学中,时间和时刻既有区别又有联系。**时刻指的是某一瞬间**。例如,我们上午8时上课、8时45分下课,这里的"8时"和"8时45分"是这节课开始和结束的时刻。**时间指的是两个时刻之间的间隔**。从8时到8时45分之间的45分钟就是一段时间。

在国际单位制中,时间单位是秒,符号是s。

时间和时刻也可以用坐标轴直观地表示出来,如图1-3所示。时刻(如t_0或t)对应时间轴上的点,时间(如$t-t_0$)对应时间轴上的线段。

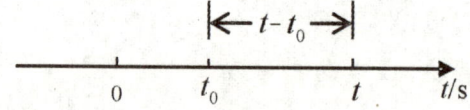

图1-3 时间与时刻

$t_0=0$的时刻叫零时刻。零时刻确定后,"第3 s末"和"第4 s初"指的是第3 s结束、第4 s开始的同一时刻。"第3 s内"指的是第2 s末到第3 s末的两个时刻之间的1 s钟时间。"前3 s内"指的是零时刻到第3 s末这两个时刻之间的3 s钟时间。

路程和位移 如图1-4所示,某同学的家在A点,学校在正东方向的B点,两地之间相距1 000 m。上学时可以经过三条路:走ACB这条路,轨迹的长度是曲线ACB的长度;走ADB这条路,轨迹的长度是折线ADB的长度;走AB这条直路,轨迹的长度就是AB两点之间线段的长度。质点所经过的实际路径的长度叫作**路程**。

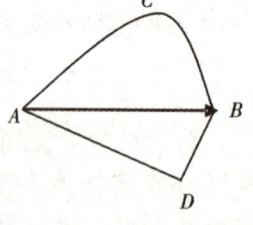

图1-4 路程和位移

上述三条路径中,由于质点的轨迹不同,它经过的路程也不同。但是,就位置变动来说,无论走哪条路,其位置都是向正东方向移动了1 000 m。在物理学中用一个叫作位移的物理量来表示质点的位置变化。**由初位置到末位置的有向线段就叫位移**,在直线运动中,位移常用x表示。

位移有大小也有方向,位移的大小是初位置和末位置之间的有向线段的长度,位移的方向是由初位置沿直线指向末位置(如图 1-4 所示)。

在国际单位制中,位移的单位是米,符号是 m。常用单位还有千米(km)、厘米(cm)等。

只有在质点做单向的直线运动时,位移的大小才等于路程,在其他情况下,位移的大小均小于路程。

矢量和标量 现阶段,我们可以认为:**既有大小又有方向的物理量叫矢量**,例如,位移、速度、力等都是矢量;**只有大小没有方向的物理量叫标量**,例如,质量、时间、温度等都是标量。

两个标量相加遵从算术加法的法则,例如,一个袋子里原来有大米 10 kg,再加入 5 kg 大米,那么现在袋子里大米的质量是 15 kg。两个矢量相加则不遵从算术加法的法则(两个矢量相加所遵从的法则将在第三章学习)。

直线运动的位置和位移 在本书的前四章,我们主要研究直线运动。为了更确切地描述质点的位置和位置变化,我们可以在参考系上建立坐标系。如图 1-5 所示,在物体运动的直线上建立 x 轴,那么物体的位置就与坐标系中的坐标相对应,即物体在位置 A,它的坐标是 x_1,当它运动到位置 B 时,它的坐标是 x_2。物体的位移 x 也与坐标的变化量相对应,即

$$x = \Delta x = x_2 - x_1$$

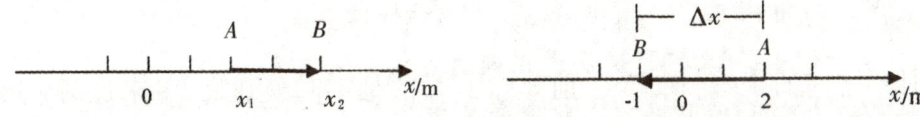

图 1-5　直线运动的位置与位移　　　图 1-6　Δx 的正负表示位移的方向

举一个例子:如图 1-6 所示,一个物体从 A 运动到 B,初位置坐标是 $x_A = 2$ m,末位置坐标是 $x_B = -1$ m,则该物体的位移 $x = \Delta x = x_B - x_A = -1\text{m} - 2\text{m} = -3$ m,即位移的大小是 3 m,负号表明物体的位移方向与 x 轴正方向相反(如果坐标的变化量 Δx 是正,表明位移的方向与 x 轴正方向相同)。

 **练习三**

1. 在国际单位制中,位移和路程的单位都是_____;时间单位是_____。

2. 位移是由_____位置指向_____位置的有向线段(选填"初"或"末")。位移既有大小又有_____。

3. 既有大小又有方向的物理量叫_____,例如_____、_____、_____等;只有大小没有方向的物理量叫_____,例如_____、_____、_____等。

4. 位移可用坐标的变化量来表示,即位移等于_____位置坐标减去_____位置坐标(选填"初"或"末"),用一个式子表示就是_____。坐标的变化量的正负表示位移的方向,当 $\Delta x > 0$,表明位移方向和正方向_____;当 $\Delta x < 0$,表明位移方向和正方向_____(选填"相同"或"相反")。

5. 关于时刻和时间,下列说法正确的是(　　)。

    A. 时刻表示时间极短,时间表示时间较长

    B. 时刻对应位移,时间对应位置

    C. 作息时间表上的数字均表示时刻

    D. 1 min 只能分成 60 个时刻

6. 如图 1-7 所示,一物体沿三条不同的路径由 A 运动到 B,关于它们的位移的大小,下列说法正确的是(　　)。

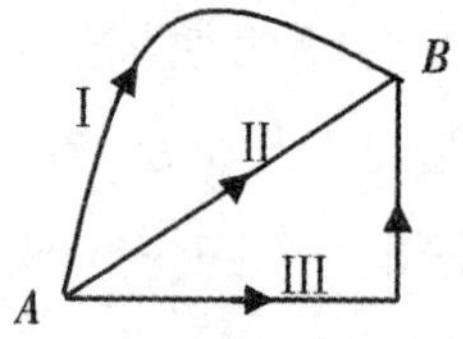

    A. 沿Ⅰ较大　　　　　　B. 沿Ⅱ较大

    C. 沿Ⅲ较大　　　　　　D. 一样大

图 1-7

7. 关于位移和路程的说法中正确的是(　　)。

    A. 位移和路程是完全相同的物理量

    B. 物体通过一段路程,但是位移可能为零

    C. 位移的大小总与路程的大小相同

    D. 某段时间内物体发生的路程为零,但是位移不一定是零

8. 关于质点的位移和路程,下列说法中正确的是(　　)。

    A. 位移是矢量,位移的方向和质点运动的方向时刻相同

    B. 路程是标量,即位移的大小

    C. 质点做单向直线运动时,路程等于位移的大小

    D. 位移的大小总大于路程

9. 小球从高 2 m 处竖直向上抛出,上升 0.5 m 后落到地面上停下,规定向上为正,则小球运动的全过程中通过的路程和位移分别为(　　)。

A. 4 m，−2 m B. 3 m，−2 m
C. −3 m，−2 m D. −3 m，2 m

10. 下列说法中，哪些是时间？哪些是时刻？

(1) 列车员说："火车 13 点 36 分到站，停车 8 min。"

(2) "前 5 s""最后 5 s""第 5 s 末""第 5 s 内"。

11. 运动员绕 400 m 的操场跑了一圈，问这名运动员运动的位移是多大？经过的路程是多少？

12. 一辆汽车向东行驶了 40 km，又向南行驶了 30 km，试画图表示汽车的位移和路程，并计算出它们的大小。

13. 某人站在楼房顶层 A 点竖直向上抛出一个小球，上升的最大高度为 20 m，然后落回到抛出点 A 下方 25 m 的 B 点，试计算小球在整个运动过程中通过的路程和位移。

§1.4 运动快慢的描述——速度

速度 不同物体，位置变化的快慢往往不同，也就是说，物体运动的快慢不同。例如，小轿车要比自行车运动得快；短跑比赛中刘翔要比我们普通人跑得快。为了描述物体运动的快慢和方向，物理学中引入速度这一物理量。

位移与发生这个位移所用时间的比值就叫作速度，用 v 表示。如果用 x 表示位移，用 t 表示时间，则速度就可表示为

$$v=\frac{x}{t}$$

速度是矢量，它既有大小又有方向。速度的方向就是物体运动的方向。

在国际单位制中，速度的单位是米每秒，符号是 m/s。常用单位还有千米每小时（km/h）、厘米每秒（cm/s）等。1 m/s=3.6 km/h，1 m/s=100 cm/s。

平均速度 在直线运动中，物体的位移 x 跟发生这段位移所用时间 t 的比值，称为物体在这段时间（或这段位移）内的平均速度，用 $\bar{v}$ 表示，即

$$\bar{v}=\frac{x}{t}$$

平均速度的国际单位是米每秒（m/s）。

平均速度是矢量,它的方向和这段时间内位移方向一致,它的大小表示这段时间内物体运动的平均快慢程度。

取不同的时间间隔,平均速度的大小可能不一样。例如,一个物体在第 1 s 内、第 2 s 内、第 3 s 内所发生的位移分别是 1 m、3 m、5 m,则

物体在前 2 s 内的平均速度是 $\bar{v}_{1-2}=\dfrac{1\ \text{m}+3\ \text{m}}{2\ \text{s}}=2\ \text{m/s}$。

物体在后 2 s 内的平均速度是 $\bar{v}_{2-3}=\dfrac{3\ \text{m}+5\ \text{m}}{2\ \text{s}}=4\ \text{m/s}$。

物体在前 3 s 内的平均速度是 $\bar{v}_{1-2-3}=\dfrac{1\ \text{m}+3\ \text{m}+5\ \text{m}}{3\ \text{s}}=3\ \text{m/s}$。

这三个不同时间段内的平均速度都不相等,所以计算平均速度必须指明是哪一段时间内的平均速度。

瞬时速度 运动物体在某一时刻(或某一位置)的速度,叫该时刻(或该位置)的瞬时速度,简称速度。运动初时刻和末时刻的速度都是瞬时速度,分别叫作初速度和末速度。

下面我们来了解瞬时速度的含义。如图 1-8 所示,一物体在做变速直线运动,如何求物体通过 P 点的瞬时速度呢?取一小段时间内的位移 PP',测出物体从 P 点到 P' 点所用的时间,计算出物体在 PP' 段内的平均速度。PP' 段取得越小,这段位移内的平均速度越接近于 P 点的瞬时速度,当 PP' 取得足够小时,该段位移内的平均速度就可以认为是 P 点的瞬时速度了。

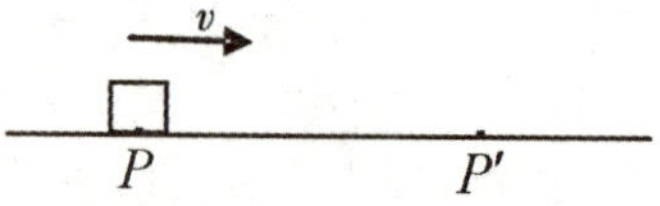

图 1-8 瞬时速度的含义

瞬时速度是矢量,其方向是物体在该时刻(或该位置)的运动方向,其大小通常称为速率。汽车速度计不显示车辆的运动方向,它的读数实际就是汽车的速率。

平均速度只能粗略地描述物体在一段时间内运动的平均快慢和方向,瞬时速度能精确地描述物体在各个时刻运动的快慢和方向。

练习四

1. ＿＿＿＿＿＿表示运动物体在一段时间内或一段位移中的运动快慢程度;＿＿＿＿＿＿表示运动物体在某一时刻或某一位置的速度(选填"平均

速度"或"瞬时速度")。

2. 上海浦东高速磁悬浮铁路正线全长 30 km,将上海市区与东海之滨的浦东国际机场连接起来,单向运行时间约 8 min。运行时,磁悬浮列车与轨道间约有 10 mm 的间隙,这就是浮起的高度。除启动加速和停车减速两个阶段外,列车大部分时间的速度为 300 km/h,达到最高设计速度是 430 km/h 的时间有 20 s。列车在整个运行过程中的平均速度是_____ m/s。

3. 某运动员百米赛跑的成绩是 10 s,他到达终点时的速度是 14 m/s,则他百米赛跑的平均速度是_____ m/s。

4. 36 km/h=_____ m/s,54 km/h=_____ m/s,72 km/h=_____ m/s,1 m/s=_____ km/h。

5. 下列说法中正确的是(　　)。
　　A. 瞬时速度只能描述一段时间内物体的运动情况
　　B. 瞬时速度只能描述匀速直线运动中物体运动的快慢
　　C. 平均速度可以准确反映物体在各个时刻的运动情况
　　D. 平均速度只能反映物体在一段时间内的运动情况

6. 在"龟兔赛跑"的寓言故事中,乌龟成为冠军,而兔子名落孙山,其原因是(　　)。
　　A. 乌龟在任何时刻的瞬时速度都比兔子快
　　B. 兔子在任何时刻的瞬时速度都比乌龟快
　　C. 乌龟跑完全程的平均速度大
　　D. 兔子跑完全程的平均速度大

7. 一个做直线运动的物体,4 s 内通过 20 m 的距离,那么,它在前 2 s 内速度一定是(　　)。
　　A. 5 m/s　　　　　　　　　　　B. 10 m/s
　　C. 80 m/s　　　　　　　　　　D. 无法确定

8. 短跑运动员 5 s 跑了 50 m,羚羊奔跑速度是 20 m/s,汽车的行驶速度是 54 km/h,三者速度从小到大的排列顺序是(　　)。
　　A. 汽车,羚羊,运动员　　　　　B. 羚羊,汽车,运动员
　　C. 运动员,汽车,羚羊　　　　　D. 运动员,羚羊,汽车

9. 指出以下速度是平均速度还是瞬时速度。
　　(1)飞机起飞时经 10 s 达到 150 m/s 的速度;

(2)火车经过某一路标时的速度是 36 km/h；

(3)1路公共汽车从 A 站到 B 站的速度是 20 km/h。

10. 汽车从制动到停下来共用了 5 s。这段时间内，汽车每 1 s 前进的距离分别是 9 m、7 m、5 m、3 m、1 m。

(1)求汽车前 1 s、前 2 s、前 3 s、前 4 s 和全程的平均速度；

(2)求汽车最后 2 s、最后 1 s 的平均速度；

(3)汽车的末速度是多少？

§1.5 速度变化快慢的描述——加速度

一辆小轿车起步时在 20 s 内速度达到 100 km/h，而一列火车达到这个速度大约要用 500 s。可见小轿车的速度要比火车的速度变化得更快。上一节，我们用速度这个物理量来描述物体位置变化的快慢，那么如何来描述速度变化的快慢？

加速度 在物理学中，为了描述速度变化的快慢，引入**加速度**的概念。

物体速度的变化量与发生这个变化所用的时间的比值，叫作物体的加速度， 通常用 a 来表示。

设物体运动开始时刻的速度为 v_0（即初速度），经过一段时间 t，速度变为 v_t（即末速度），则物体在这段时间内速度的变化量 $\Delta v = v_t - v_0$，所以加速度 a 就可表示为

$$a = \frac{v_t - v_0}{t}$$

加速度的单位是由速度的单位和时间的单位决定的。在国际单位制中，速度的单位是米/秒，时间的单位是秒，则加速度的单位是**米/秒²**，读作米每二次方秒，符号是 m/s²。

加速度是矢量，既有大小又有方向。加速度的大小在数值上等于单位时间内速度的变化量。加速度的方向是这样规定的：通常规定初速度的方向为正方向，当物体做加速直线运动时，其速度随时间增大，即 $v_t > v_0$，所以 $a > 0$，表示加速度方向与初速度方向相同，如图 1-9 所示；当物体做减速直线运动时，其速度随时间减小，即 $v_t < v_0$，所以 $a < 0$，表示加速度方向与初速度方向

相反,如图 1-10 所示。

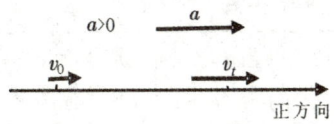

图 1-9 加速运动时,加速度方向和初速度方向相同

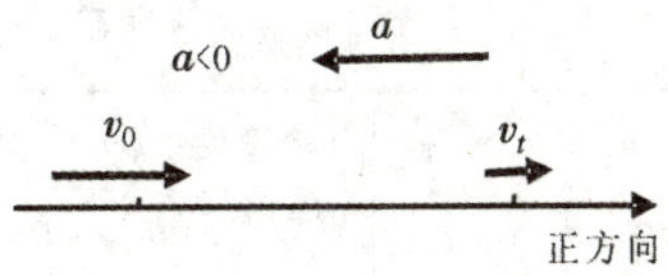

图 1-10 减速运动时,加速度方向和初速度方向相反

反之亦然,即:当加速度方向与初速度方向相同时,物体就做加速直线运动;当加速度方向与初速度方向相反时,物体就做减速直线运动。

【例题 1】一辆做加速运动的火车,在 50 s 内速度由 10 m/s 增加到 15 m/s,求火车的加速度。

分析:这是一个火车加速运动的过程,根据题意可知初速度和末速度,并且还知道加速的时间,直接用加速度公式即可。

解:已知初速度 $v_0=10$ m/s,末速度 $v_t=15$ m/s,时间 $t=50$ s,

由加速度公式得

$$a=\frac{v_t-v_0}{t}=\frac{15 \text{ m/s}-10 \text{ m/s}}{50 \text{ s}}=0.1 \text{ m/s}^2$$

加速度为正,表明该火车加速度方向与初速度方向相同,火车在做加速运动。

【例题 2】一辆汽车紧急刹车时速度为 10 m/s,经过 2s 车停下来,求汽车的加速度。

分析:这是一个汽车减速运动过程,根据题意可知初速度,最后"停下来"的意思是末速度等于零,并且还知道减速的时间,直接用加速度公式即可求解。

解:初速度 $v_0=10$ m/s,末速度 $v_t=0$,时间 $t=2$ s,

由加速度公式得

$$a=\frac{v_t-v_0}{t}=\frac{0-10 \text{ m/s}}{2 \text{ s}}=-5.0 \text{ m/s}^2$$

该汽车刹车的加速度大小为 -5.0 m/s²,负号表示该汽车加速度方向与初速度方向相反,汽车在做减速运动。

v、Δv、a 三者的关系 v 的大小反映物体运动的快慢,Δv 的大小反映速度变化的多少,a 的大小反映速度变化的快慢。我们通过表 1-1 所列实例来了解三者的关系。

表 1-1 公共汽车、火车的出站和飞机的匀速飞行的速度及速度变化数据

	初速度(v_0)(单位:m/s)	所用时间(t)(单位:s)	末速度(v_t)(单位:m/s)	速度变化量(Δv)(单位:m/s)	加速度(a)(单位:m/s²)
公共汽车出站	0	3	6	6	2
火车出站	0	100	20	20	0.2
飞机匀速飞行	300	10	300	0	0

从这个实例中我们可以看出:飞机的速度最大,但其加速度却最小;火车的速度变化量最大,其加速度却不是最大;汽车的速度最小,其加速度最大。所以速度大的物体的加速度不一定大,速度变化量大的物体的加速度也不一定大,只有速度变化快的物体的加速度才一定大。

练习五

1. 加速度的物理意义:加速度是描述＿＿＿＿＿＿＿＿＿＿＿＿的物理量。

2. 速度的变化量等于＿＿＿＿＿速度减去＿＿＿＿＿速度(选填"初"或"末")。

3. 加速度的定义:加速度是＿＿＿＿＿＿＿＿＿与＿＿＿＿＿＿＿＿＿的比值,即 $a=$＿＿＿＿＿。

4. 在国际单位制中,加速度的单位是＿＿＿＿＿＿＿。

5. 当物体做加速直线运动时,加速度方向和初速度方向＿＿＿＿＿＿;当物体做减速直线运动时,加速度方向和初速度方向＿＿＿＿＿＿(选填"相同"或"相反")。

6. 关于加速度的概念,下列说法正确的是(　　)。
   A. 加速度是物体增加的速度
   B. 加速度反映速度变化的大小
   C. 加速度反映速度变化的快慢
   D. 加速度的方向就是物体运动速度的方向

7. 关于速度和加速度的关系,下列说法正确的是(　　)。
   A. 速度变化的越多,加速度就越大

B. 速度变化的越快,加速度就越大

C. 加速度的方向保持不变,速度方向也一定保持不变

D. 加速度的大小不断变小,速度大小也一定不断变小

8. 关于加速度,下列说法正确的是(　　)。

A. 加速度是 2 m/s^2 表示每经过 1 s 物体的速度都要增加 2 m/s

B. 加速度是 2 m/s^2 表示每经过 1 s 物体的速度都要增加 2 倍

C. 加速度为零的物体速度一定为零

D. 加速度方向一定与速度方向一致

9. 一辆汽车紧急刹车,在 2 s 内速度从 36 km/h 减小到零,求它的加速度。

10. 枪筒内的子弹在击发后经过 0.0014 s 以 700 m/s 的速度飞出枪口,求子弹在这段时间内的加速度。

本章知识小结

1. 机械运动　一个物体相对于另一个物体的位置的变化叫机械运动,简称运动。

2. 质点　如果物体的形状和大小对于我们所研究的问题影响很小或者没有影响,我们就可以把这个物体看作一个没有形状和大小、有质量的点,即质点。像这种突出主要因素,忽略次要因素研究问题的思想方法,叫作理想模型法,质点是一种理想化的物理模型。

3. 参考系　为了描述一个物体的运动,用来作参考的物体叫参考系。对同一物体的运动,选不同的参考系,对它运动的描述可能就会不同,这种性质叫作运动的相对性。

4. 时间和时刻　时刻指的是某一瞬间,对应于时间轴上的一个点。时间指的是两个时刻之间的间隔,对应于时间轴上的一个线段。

5. 位移和路程　位移是描述物体位置变化的物理量,它是由初位置指向末位置的有向线段,是矢量。路程是质点所经过的实际轨迹(或路径)的长度,是标量。它们的国际单位都是米(m)。位移与物体所经路径无关,只与初末位置有关;路程与物体所经路径有关。只有在单向的直线运动中,位移的大小才和路程相等,在其他情况下,位移的大小均小于路程。

6. 矢量和标量 矢量既有大小又有方向,标量只有大小没有方向。两个标量相加遵从算术加法的法则,两个矢量相加不遵从算术加法的法则,遵从矢量合成的平行四边形法则(将在后边第三章学习)。

7. 速度 速度是描述物体运动(位置变化)快慢和方向的物理量。

(1) 平均速度:在变速直线运动中,物体的位移 x 跟发生这段位移所用的时间 t 的比值,称为物体在这段时间(或这段位移)内的平均速度,即

$$\bar{v}=\frac{x}{t}$$

平均速度的国际单位是米每秒(m/s)。平均速度是矢量,其方向和这段时间内位移方向一致,它的大小反映这段时间内物体运动的平均快慢程度。

(2) 瞬时速度:运动物体在某一时刻(或某一位置)的速度,叫物体在该时刻(或该位置)的瞬时速度,简称速度。瞬时速度是矢量,其方向是物体在该时刻(或该位置)的运动方向,其大小通常称速率。瞬时速度是对运动的精确描述。

8. 加速度 加速度是描述速度变化快慢的物理量,是速度的变化量与发生这个变化所用时间的比值,通常用字母 a 来表示。设物体运动开始时刻的速度为 v_0(即初速度),经过一段时间 t,速度变为 v_t(即末速度),则物体在这段时间内速度的变化量 $\Delta v=v_t-v_0$,所以加速度 a 就可表示为

$$a=\frac{v_t-v_0}{t}$$

加速度的国际单位是米每二次方秒(m/s²)。

加速度是矢量,既有大小又有方向。加速度的大小在数值上等于单位时间内速度的变化量。加速度的方向是这样规定的:通常规定初速度的方向为正方向,当物体做加速直线运动时,加速度为正,加速度方向与初速度方向相同;当物体做减速直线运动时,加速度为负,加速度方向与初速度方向相反。

各种物体的速度

蜗牛	约 1.5 mm/s	乌龟	约 0.1 m/s
野兔	可达 50 m/s	燕子	可达 80 m/s
细雨滴(直径约 0.5 mm)	约 2 m/s	步行人	约 1 m/s
小雨滴(直径约 1 mm)	约 4 m/s	游泳	可达 2 m/s
大雨滴(直径约 2 mm)	约 6 m/s	短跑	可达 10 m/s
暴雨滴(直径约 3 mm)	约 8 m/s	大动脉中血流速度	约 0.2 m/s
河流	可达 7 m/s	微血管中血流速度	约 0.3 m/s
海流	可达 3 m/s	食物在肠道中运动速度	约 0.5 cm/s
海潮	可达 5 m/s	远洋轮船	30～60 km/h
飓风	可达 70 m/s (约 250 km/h)	人造地球卫星	7.9 km/s (第一宇宙速度)
空气中声速	340 m/s	气垫船	40～65 km/h
录音机磁带的转动速度	约 0.1 m/s	核潜艇	80 km/h
自行车(一般)	18 km/h	普通炮弹	1000 m/s
卡车(一般)	40 km/h	单级火箭	4.5 km/s
火车(快车)	60～120 km/h	地球自转(赤道处)	464 m/s
小轿车	可达 140～200 km/h	地球公转	30 km/s
竞赛摩托车	300 km/h	太阳绕银河系中心公转	250 km/s
军用飞机(一般)	1 800 km/h	光速	300 000 km/s

复 习 题

一、选择题

1. 在下列物体中,可视为质点的有(　　)。

    A. 研究从北京开往广州的一列火车运动的快慢

    B. 研究汽车车轮的转动情况

    C. 研究地球的自转

    D. 观看芭蕾舞演员的表演

2. 一个人坐在车上看到路边的树在向西走,下列描述正确的有(　　)。

A. 这是以车为参考系来描述树的运动

B. 这是以地面为参考系来描述车的运动

C. 若以地面为参考系，则车是在向西走

D. 若以车为参考系，人是在向东走

3. 以下的计时数据指时间的是（　　）。

A. 中央电视台新闻联播节目 19:00 开播

B. 某人用 15 s 跑完 100 m

C. 早上 7:00 起床

D. 从北京开往广州的火车预计 10:00 到站

4. 关于位移和路程，下列说法正确的是（　　）。

A. 路程有方向，位移没方向

B. 位移的大小可能大于路程

C. 路程一定大于位移的大小

D. 只有单向的直线运动，位移的大小才等于路程

5. 火车以 76 km/h 的速度经过某一段路，子弹以 600 m/s 的速度从枪口射出，则（　　）。

A. 76 km/h 是平均速度　　　　B. 76 km/h 是瞬时速度

C. 600 m/s 是平均速度　　　　D. 以上说法都不对

6. 关于平均速度和瞬时速度，下列说法中正确的是（　　）。

A. 平均速度可以准确反映物体在各个时刻的运动情况

B. 平均速度只能反映物体在一段时间内的运动情况

C. 瞬时速度只能描述一段时间内物体的运动情况

D. 瞬时速度只能描述匀速直线运动中物体运动的快慢

7. 下列说法正确的是（　　）。

A. 物体运动的速度越大，加速度也一定越大

B. 物体有加速度，速度就增加

C. 加速度就是"增加出来的速度"

D. 加速度反映速度变化的快慢

8. 关于速度和加速度的关系，下列说法正确的有（　　）。

A. 速度大的，加速度一定大

B. 速度变化量大的，加速度一定大

C. 速度变化快的,加速度一定大

D. 加速度的方向就是运动方向

9. 若某汽车的加速度方向与速度方向一致,当加速度减小时,则( )。

A. 汽车的速度也减小

B. 当加速度减小到零时,汽车静止

C. 汽车的速度仍在增大,而且速度增加得越来越快

D. 汽车的速度仍在增大,当加速度减小到零时,汽车的速度达到最大

二、填空题

1. 一质点绕半径是 R 的圆周运动了一周,则其位移大小是_____,路程是_____。若质点只运动了半周,则路程是_____,位移大小是_____。

2. 在时间轴上,时间间隔用_____表示,时刻用_____表示。(选填"线段"或者"点")

3. "月亮在云中穿行",这句话是以_____为参考系来描述月亮的运动的。

4. 位移是_____,它既有_____又有_____。而路程是_____,它只有大小,没有方向。

5. 速度是描述_____的物理量。在国际单位制中,速度的单位是_____。

6. 小明开车 8:30 在公路里程碑的 201 km 处,9:10 到 261 km 处,那么小明在这段时间内的平均速度是_____ km/h。

7. 加速度是描述_____的物理量。在国际单位制中,加速度的单位是_____。

8. 当加速度方向和初速度方向相同时,物体做_____直线运动;当加速度方向和初速度方向相反时,物体做_____直线运动(选填"加速"或"减速")。

三、判断题

1. 速度单位换算:1 m/s = 3.6 km/h。( )

2. 列车 8:42 到站,停车 3 min,其中,8:42 是时刻。( )

3. 在表示直线运动的直线坐标轴上,位移等于物体的末位置坐标减初位置坐标。( )

4. 路程是指物体运动轨迹的长度。( )

5. 做变速直线运动的物体,不同时间段的平均速度一定相同。( )

6. 位移,时间,加速度都是矢量。( )

7. 位移既与路径有关,又与初末位置有关。( )

8. 加速度的单位读作:米每二次方秒。( )

9. 当加速度方向与初速度方向一致时,物体做加速直线运动。( )

10. 物体的速度很大,加速度可能为0。( )

四、计算题

1. 有一辆汽车沿笔直公路行驶,第 1 s 内通过 5 m 的距离,第 2 s 内和第 3 s 内各通过 20 m 的距离,第 4 s 内通过 15 m 的距离,第 5 s 内反向通过 10 m 的距离,求这 5 s 内的平均速度和后 2 s 内的平均速度。

2. 列车沿铁路直线行驶,在 20 s 时间内速度从 108 km/h 减小到 36 km/h,求列车的加速度,并说明加速度方向与速度方向的关系。

3. 某飞机着陆后匀减速滑行,它滑行的初速度为 90 m/s,加速度大小是 3 m/s^2,该飞机着陆后滑行多长时间才能停下来?

第 2 章 直线运动

物体的运动,可按其运动轨迹分为直线运动和曲线运动(曲线运动将在第五章学习),也可以按其速度分为匀速运动和变速运动。匀速直线运动是所有运动种类中最简单的一种,除此之外都是变速运动。匀变速直线运动又是变速运动中最简单、最常见的一种运动形式。例如,火车的进站或出站、铁球从高处下落、骑自行车沿坡路滑行、宇宙飞船的返回舱在靠近地面时的减速降落、某舰载机在航母上起飞等都可以看作匀变速直线运动。本章主要学习匀速直线运动及其规律和匀变速直线运动及其规律。

§2.1 匀速直线运动及其规律

匀速直线运动 在一条直线上运动的物体,如果在任意相等的时间内位移都相等,这种运动叫匀速直线运动,简称匀速运动。例如,质点沿直线向某一方向运动,不管从哪个时刻算起,如果在每 1 s 的时间内,位移都是 2 m,或者在每 0.1 s 内,位移都是 0.2 m,⋯这样的运动就是匀速直线运动。

匀速直线运动的速度和位移 在匀速直线运动中,位移与时间的比值叫匀速直线运动的速度。质点做匀速直线运动,用 v 表示速度,如果在时间 t 内发生的位移是 x,则匀速直线运动的速度公式为

$$v = \frac{x}{t}$$

根据定义可知,匀速直线运动的速度是恒量。再根据加速度公式 $a = \frac{v_t - v_0}{t}$ 可知,匀速直线运动的加速度为零。所以匀速直线运动的特征是速度是恒量(或加速度为零)。

在匀速直线运动中,平均速度和瞬时速度相等。

从 $v=\dfrac{x}{t}$ 可以得出匀速直线运动的位移公式为

$$x=vt$$

由上式可以求出做匀速直线运动的物体在任意时间内的位移。

匀速直线运动的速度-时间图像 以横轴表示时间 t,用纵轴表示速度 v,在这种坐标系中描述的速度随时间变化关系的图像叫**速度-时间图像**(v-t 图像),简称**速度图像**。由于匀速直线运动的速度是恒量,即速度的大小和方向都不随时间变化,所以匀速直线运动的 v-t 图像就是一条平行于横轴(t 轴)的直线,它表示在匀速运动中,质点任意时刻的速度都相同。图 2-1 就是 $v=1$ m/s 的匀速运动的速度图像。

利用速度图像可以求出质点在任意时间内的位移。如图 2-2 所示,时间 t 内的位移 $x=vt$ 在数值上等于速度图像下矩形 $OABt$ 的"面积"。这个"面积"不同于几何上的面积,如几何上的面积的单位是平方米,而速度图像下的面积的单位却是米。

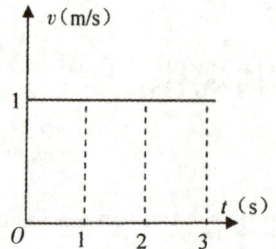

图 2-1 匀速运动的速度-时间图像

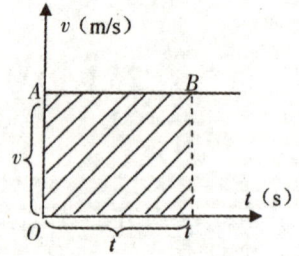

图 2-2 利用 v-t 图像求位移

匀速直线运动的位移-时间图像 以横轴表示时间 t,用纵轴表示位移 x,在这种坐标系中描述的位移随时间变化关系的图像叫**位移-时间图像**(x-t 图像),简称**位移图像**。在匀速运动中,v 是恒量,根据 $x=vt$ 可知,位移与时间成正比,即匀速直线运动的位移-时间图像是一条过原点的倾斜的直线。图 2-3 就是 $v=2$ m/s 的匀速直线运动的 x-t 图像。

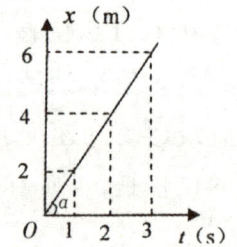

图 2-3 匀速运动的位移-时间图像

利用位移图像可以求出质点的速度。匀速直线运动的位移图像的斜率在数值上等于匀速直线运动的速度,即

$$v=\frac{x}{t}=\tan\alpha$$

练习一

1. 匀速直线运动的特征是＿＿＿＿＿＿＿＿＿＿＿＿＿＿＿＿＿＿＿＿＿＿。

2. 一辆小汽车在平直的公路上做匀速直线运动,10 s 内行驶了 80 m,则该汽车运动的速度是＿＿＿＿＿＿ m/s;途中经过一座大桥,从桥头到桥尾共用了 5 min,这座桥长＿＿＿＿＿＿ km。

3. 匀速直线运动的 v-t 图像是一条＿＿＿＿＿＿直线。

4. 甲、乙两小车做直线运动的 x-t 图像如图 2-4 所示。由图像可知:甲乙两车做的都是＿＿＿＿＿＿直线运动(选填:"匀速"或"变速");速度较快的是＿＿＿＿车(选填:"甲"或"乙")。

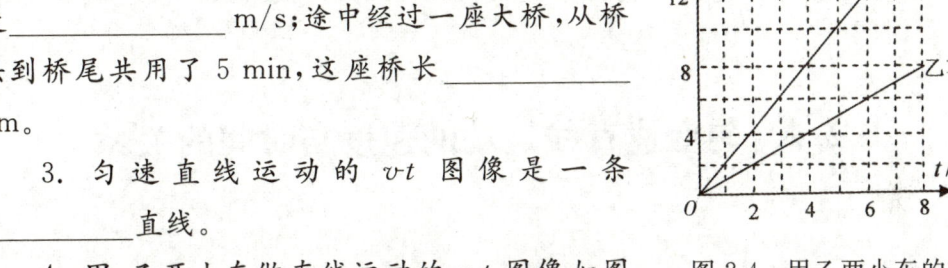
图 2-4　甲乙两小车的位移-时间图像

5. 下列各情况中,一定是做匀速直线运动的是(　　)。

　　A. 某人向东走了 2 m,用 3 s;再向南走 2 m,用 3 s 的整个过程

　　B. 某人向东走了 10 m,用时 3 s;接着继续向东走 20 m,用时 6 s 的整个过程

　　C. 某人向东走了 20 m,用时 6 s;再转身向西走 20 m,用时 6 s 的整个过程

　　D. 某人始终向东运动,且任意 1 s 内的运动轨迹长度都是 3 m

6. 甲、乙两汽车同时从相距 10 km 的两地出发,相向做匀速直线运动,甲车速度为 54 km/h,乙车速度为 10 m/s,它们相遇时,下列说法中正确的是(　　)。

　　A. 两车通过的路程相等　　　B. 甲车比乙车多走 2 km

　　C. 甲车比乙车少走 1 km　　　D. 甲车走 7 km,乙车走 3 km

7. 在同一坐标系中,画出 $v=2$ m/s 和 $v=4$ m/s 的匀速直线运动的速度-时间图像。

8. 在同一坐标系中,画出 $v=2$ m/s 和 $v=4$ m/s 的匀速直线运动的位移-

时间图像。

9. 一辆汽车在教练场上沿着平直的道路行驶,用 x 表示它相对于出发点的位移。图 2-5 为汽车在 $t=0$ 到 $t=40$ s 这段时间的 x-t 图像。通过分析回答以下问题:

(1)汽车最远距离出发点多少米?

(2)汽车在哪段时间内没有行使?

(3)汽车在哪段时间内驶离出发点,在哪段时间内驶向出发点?

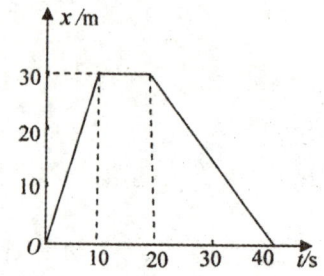

图 2-5　汽车行驶的 x-t 图像

§2.2　匀变速直线运动的速度与时间的关系

匀变速直线运动　沿着一条直线,且加速度不变的运动,叫作**匀变速直线运动**。由于加速度不变,所以匀变速直线运动的**速度随时间均匀变化**。如果物体的速度随时间均匀增加,这个运动叫匀加速直线运动;如果物体的速度随时间均匀减小,这个运动叫匀减速直线运动。

表 2-1 给出一辆汽车和一列火车沿直线运动时,速度随时间变化的数据。从表中可以看出,这辆汽车每经过 1 s 速度就增加 2 m/s,而且在相等的时间内速度的增加量都相等,即速度随时间均匀增加,所以这辆汽车做的是匀加速直线运动。这列火车每经过 1 s 速度就减少 0.2 m/s,而且在相等的时间内速度的减少量都相等,即速度随时间均匀减小,所以这列火车做的是匀减速直线运动。

表 2-1　汽车和火车的速度随时间变化的数据(m/s)

时刻(每秒末)	第 1 s 末	第 2 s 末	第 3 s 末	第 4 s 末	…
汽车速度	4	6	8	10	…
火车速度	5.0	4.8	4.6	4.4	…

匀变速直线运动的速度与时间关系式　匀变速直线运动的速度与时间的对应关系可以从加速度的公式中得出。由公式

$$a=\frac{v_t-v_0}{t}$$

得

$$v_t = v_0 + at$$

上式是**匀变速直线运动的速度与时间关系式**，也叫**匀变速直线运动的速度公式**，其中 v_0 是 $t=0$ 时刻的速度，即初速度；v_t 是 t 时刻的速度，即末速度；a 是加速度；t 是速度由 v_0 变到 v_t 所经历的时间。

匀变速直线运动的速度公式表示匀变速直线运动的速度随时间变化的规律。这个公式涉及 v_0、v_t、a、t 四个物理量，如果已知其中三个物理量，就可以根据这个公式求出第四个量来。同时，由于该公式还涉及加速度和速度，且它们都是矢量，所以在具体计算时要注意以下几点：

(1) 首先要选定一个正方向（一般选初速度方向为正方向）。

(2) 公式中矢量作为已知量时，和正方向相同的取正，和正方向相反的取负。特别是加速度 a，在选初速度方向为正方向的前提下，匀加速直线运动的加速度取正，匀减速直线运动的加速度取负。

(3) 公式中矢量做为待求量时，用表示该物理量的字母代入公式进行计算，如果该矢量计算结果为正数，则表示该矢量的方向和正方向一致；如果该矢量计算结果为负数，则表示该矢量的方向和正方向相反。特别是加速度 a，在选初速度方向为正方向的前提下，$a>0$ 说明加速度方向与正方向一致，物体做匀加速直线运动；$a<0$ 说明加速度方向与正方向相反，物体做匀减速直线运动。

当物体做初速度为零的匀加速直线运动时，匀变速直线运动的速度公式变为 $v_t = at$。

【例题1】 汽车以 36 km/h 的速度匀速行驶，现以 0.5 m/s² 的加速度加速运动，则 10 s 后速度达到多少？

解： 以汽车的初速度方向为正方向，

已知初速度 $v_0 = 36$ km/h $= 10$ m/s，加速度 $a = 0.5$ m/s²，时间 $t = 10$ s。

根据匀变速直线运动速度公式 $v_t = v_0 + at$ 得该汽车 10 s 后的速度为

$$\begin{aligned} v_t &= v_0 + at \\ &= 10 \text{ m/s} + 0.5 \text{ m/s}^2 \times 10 \text{ s} \\ &= 15 \text{ m/s} \\ &= 54 \text{ km/h} \end{aligned}$$

计算结果为正，表明末速度方向与初速度方向一致。

【例题2】 某汽车在紧急刹车时加速度的大小为 5 m/s²，如果必须在 2 s

内停下来,则汽车的行驶速度最高不能超过多少?

解: 以汽车的初速度方向为正方向,

已知加速度 $a=-5 \text{ m/s}^2$,末速度 $v_t=0$,时间 $t=2 \text{ s}$。

根据匀变速直线运动速度公式 $v_t=v_0+at$ 可得

$$\begin{aligned}v_0 &= v_t - at \\ &= 0-(-5 \text{ m/s}^2)\times 2 \text{ s} \\ &= 10 \text{ m/s} \\ &= 36 \text{ km/h}\end{aligned}$$

汽车的速度不能超过 36 km/h。

匀变速直线运动的速度-时间图像 匀变速直线运动的速度和时间关系还可以用图像来表示。公式中 $v_t=v_0+at$ 中,由于加速度 a 是一常量,这表明 v_t 是 t 的一次函数,所以匀变速直线运动的速度-时间图像(v-t 图像)就应该是一条倾斜的直线,如图 2-6 所示。

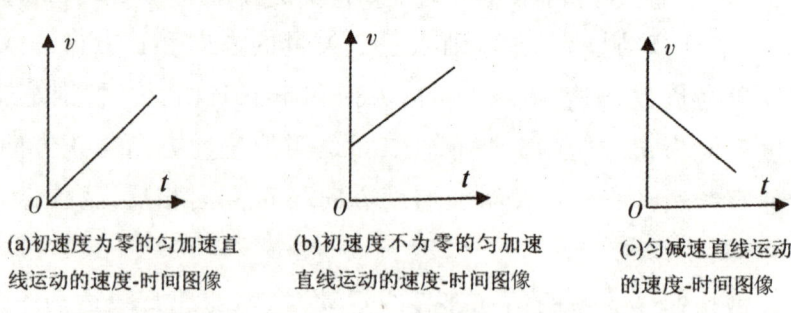

图 2-6 匀变速直线运动的速度-时间图像

利用匀变速直线运动的 v-t 图像,可以求出质点在任意时刻的瞬时速度,也可求出达到某一速度所需的时间。

如果能够在图像上找出与一段时间所对应的速度的变化量,还可求出这段时间内的质点的加速度。

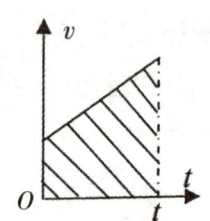

图 2-7 利用匀变速直线运动速度-时间图像求位移

如图 2-7 所示,做匀变速直线运动的质点在时间 t 内发生的位移在数值上等于速度图像下面的直角梯形(图示阴影部分)的"面积"。和前边匀速直线运动的速度图像一样,这里的面积与位移只是一种对应关系,而不是完全意义上的相等关系。

练习二

1. 质点沿着一条直线,且_____不变的运动叫匀变速直线运动。

2. 匀变速直线运动的速度随时间均匀变化,它可分为_____直线运动和_____直线运动。

3. 匀变速直线运动的速度公式是_____,当初速度为零时,则该公式变为_____。

4. 匀变速直线运动的 v-t 图像是一条_____的直线。

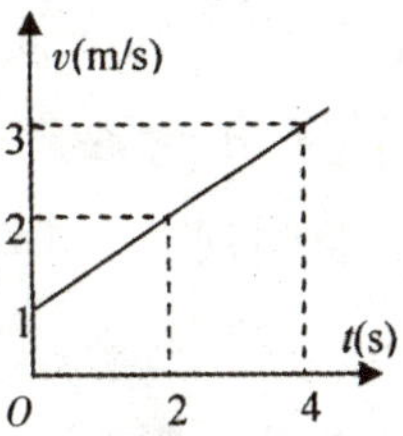

5. 图 2-8 是某一质点做匀加速直线运动的速度-时间图像。质点的初速度为_____ m/s,4.0 s 末的速度为_____ m/s,质点的加速度大小为_____ m/s²,质点达到 3 m/s 的速度需要_____ s。

图 2-8

6. 在匀变速直线运动中,下列说法中正确的是(　　)。

    A. 相同时间内位移的变化相同

    B. 相同时间内速度的变化相同

    C. 相同时间内加速度的变化相同

    D. 相同路程内速度的变化相同

7. 下列关于匀变速直线运动的说法,正确的是(　　)。

    A. 匀变速直线运动是运动快慢相同的运动

    B. 匀变速直线运动是速度变化量相同的运动

    C. 匀变速直线运动的 x-t 图像是一条倾斜的直线

    D. 匀变速直线运动的 v-t 图像是一条倾斜的直线

8. 某飞机在起飞前在跑道上加速滑行,加速度是 4.0 m/s²,滑行 20 s 达到起飞速度,问起飞速度是多大?

9. 火车机车原来的速度是 36 km/h,在一段下坡路上加速度为 0.2 m/s²。机车行驶到下坡末端,速度增加到 54 km/h。求机车通过这段下坡路所用的时间。

10. 某汽车紧急刹车时的加速度大小是 8.0 m/s²,如果刹车后在 2.0 s 停下来,则汽车刹车前的速度是多大?

11. 火车通过桥梁、隧道的时候要提前减速。一列以 72 km/h 的速度行驶的火车在驶近一座石桥时做匀减速直线运动，减速行驶 2 min，加速度大小为 0.1 m/s^2，火车减速后的速度是多大？

12. 一个物体沿着直线运动，其 v-t 图像如图 2-9 所示。则

(1) 它在 1 s 末、4 s 末、7 s 末三个时刻的速度，哪个最大？哪个最小？

(2) 它在 1 s 末、4 s 末、7 s 末三个时刻的速度方向是否相同？

(3) 它在 1 s 末、4 s 末、7 s 末三个时刻的加速度，哪个最大？哪个最小？

(4) 它在 1 s 末和 7 s 末的加速度方向是否相同？

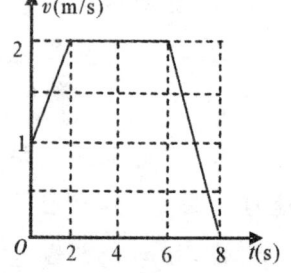

图 2-9

13. 质点由静止开始做加速度为 1 m/s^2 的匀加速直线运动，4 s 后加速度大小变为 0.5 m/s^2，方向仍与原来方向相同。请作出它在 8 s 内的 v-t 图像。

§2.3 匀变速直线运动的位移与时间的关系

以初速度为 v_0 的匀加速直线运动为例，利用匀变速直线运动的 v-t 图像，来推导匀变速直线运动的位移与时间关系式。

图 2-10 表示某物体做初速度为 v_0 的匀加速直线运动的速度-时间图像。根据前边所讲匀变速直线运动的 v-t 图像的应用，该物体在时间 t 内所发生的位移在数值上就等于直角梯形 $OABC$ 的面积。而梯形 $OABC$ 的面积是

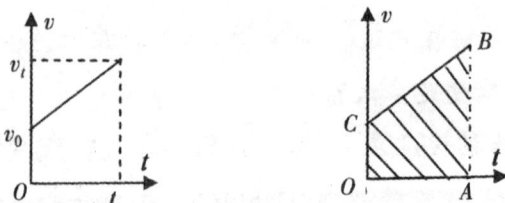

图 2-10 某物体做初速度为 v_0 的匀加速直线运动的速度-时间图像

$$S = \frac{1}{2}(OC + AB) \times OA$$

把面积及各条线段换成所对应的物理量,上式变为

$$x = \frac{1}{2}(v_0 + v_t)t$$

把前边的匀变速直线运动的速度公式 $v_t = v_0 + at$ 代入上式,就得

$$x = v_0 t + \frac{1}{2}at^2$$

这就是**匀变速直线运动的位移与时间关系式**,也叫**匀变速直线运动的位移公式**。这个公式虽然是以匀加速直线运动为例推导出来的,但是也适用于其他匀变速直线运动。

当初速度为零,这个公式就简化为 $x = \frac{1}{2}at^2$,这就是初速度为零的匀加速直线运动的位移公式。

在应用匀变速直线运动的位移公式时,也要选择一个正方向,从而根据公式中各个矢量的方向和正方向的关系来确定它们各自的符号。

【例题 1】一列火车在斜坡上匀加速下行,在坡顶端的速度是 8.0 m/s,加速度为 0.2 m/s²,火车通过斜坡的时间是 30 s,求斜坡的长度。

解:以沿斜坡向下的方向为正方向,

已知初速度 $v_0 = 8.0$ m/s,加速度 $a = 0.2$ m/s²,时间 $t = 30$ s,

根据匀变速直线的位移公式,可得

$$x = v_0 t + \frac{1}{2}at^2$$

$$= 8.0 \text{ m/s} \times 30 \text{ s} + \frac{1}{2} \times 0.2 \text{ m/s}^2 \times (30 \text{ s})^2$$

$$= 3.3 \times 10^2 \text{ m}$$

斜坡的长度为 3.3×10^2 m。

【例题 2】一辆汽车以 1 m/s² 的加速度加速行驶了 12 s,驶过了 180 m。汽车开始加速时的速度是多少?

解:以汽车的运动方向为正方向,

已知加速度 $a = 1$ m/s²,时间 $t = 12$ s,位移 $x = 180$ m,

由匀变速直线的位移公式可以解出

$$v_0 = \frac{x}{t} - \frac{1}{2}at$$

$$= \frac{180 \text{ m}}{12 \text{ s}} - \frac{1}{2} \times 1 \text{ m/s}^2 \times 12 \text{ s} = 9 \text{ m/s}$$

汽车开始加速时的速度为 9 m/s。

【例题 3】 以 12 m/s 的速度行驶的汽车，刹车后做匀减速直线运动，加速度大小是 6 m/s²，求刹车后，汽车还能走多远？

解： 以汽车的运动方向为正方向，

已知初速度 $v_0 = 12$ m/s，加速度 $a = -6$ m/s²，末速度 $v_t = 0$，

由 $v_t = v_0 + at$ 可知

$$t = \frac{v_t - v_0}{a} = \frac{0 - 12 \text{ m/s}}{-6 \text{ m/s}^2} = 2 \text{ s}$$

则

$$x = v_0 t + \frac{1}{2} a t^2 = 12 \text{ m/s} \times 2 \text{ s} + \frac{1}{2} \times (-6 \text{ m/s}^2) \times (2 \text{ s})^2 = 12 \text{ m}$$

刹车后，汽车还能走 12 m。

练习三

1. 匀变速直线运动的位移公式是_____，当初速度为零时，该公式变为_____。

2. 由静止开始做匀加速运动的汽车，第 1 s 内通过的位移为 0.4 m，则该汽车的加速度大小为_____。

3. 飞机在跑道上滑行，离地起飞时的速度是 60 m/s，若飞机滑行的加速度是 4 m/s²，则从飞机开始滑行算起需要多长时间才能起飞？起飞的跑道至少要多少米？

4. 一列火车在斜坡上匀加速下行，在坡顶的速度是 36 km/h，在坡路上的加速度等于 0.2 m/s²，经过 30 s 到达坡底，求到达坡底的速度和斜坡的长度。

5. 飞机着陆后匀减速滑行，它滑行的初速度是 60 m/s，加速度的大小是 3 m/s²，飞机着陆后要多长时间才能停下来？它要滑行的距离是多少？

6. 以 18 m/s 的速度行驶的汽车，制动后做匀减速直线运动，在 3 s 内前进 36 m，求汽车的加速度。

§2.4　匀变速直线运动的速度与位移的关系

前边我们分别学习了匀变速直线运动的速度和时间关系、位移与时间关系。在实践当中,有时我们还要知道匀变速直线运动的速度和位移的关系。

匀变速直线运动速度公式和位移公式是匀变速直线运动的基本公式,即

$$v_t = v_0 + at$$

$$x = v_0 t + \frac{1}{2}at^2$$

从这两个基本公式中消去时间 t,就可以得到匀变速直线运动的速度和位移的关系式,即

$$v_t^2 - v_0^2 = 2ax$$

这个公式叫匀变速直线运动的导出公式,其中不含时间变量 t,直接表明了速度和位移的关系,在解决某些问题时因为不需要再求时间这个物理量,有时会带来很大的便捷。

当物体做初速度为零的匀加速直线运动时,速度和位移的关系式变为

$$v_t^2 = 2ax$$

练习四

1. 匀变速直线运动的基本公式分别是 _____ 和 _____。

2. 匀变速直线运动的速度与位移关系式是_____。

3. 在运用匀变速直线运动的导出公式解决实际问题时,不需要再求 _____ 这个物理量,有时会带来很大的便捷。

4. 通过测试得知某型号的卡车在某路面上急刹车时加速度大小是 5 m/s^2。如果要求它在这种路面上行驶时在 22.5 m 内必须停下来,它的行驶速度不能超过多少千米每小时?

5. 如果把子弹在枪筒中的运动看作匀加速直线运动,某枪筒的长度为 0.64 m 它发射子弹的加速度为 $5 \times 10^5 \text{ m/s}^2$,求该子弹射出枪口时的速度。

6. 神舟五号载人飞船的返回舱在距离地面 10 km 时开始启动降落伞装置,速度减至 10 m/s,此后以这个速度在大气中匀速降落。在离地面 1.2 m 时,返回舱的 4 台缓冲发动机开始向下喷气,舱体再次减速。设在最后减速过程中返回舱做匀减速运动,并且达到地面时速度为零,求最后减速阶段的加速度。

§2.5 自由落体运动

自由落体运动 物体只在重力作用下从静止开始下落的运动,叫作自由落体运动。这种运动只能在没有空气的空间才能发生,在有空气的空间,如果空气的阻力作用相对较小,可以忽略,那么物体的下落就可以近似地看作自由落体运动。比如,在井口从手中释放的小石块的下落运动、苹果从树上落下、跳水运动员开始下落至入水前的运动等都可以近似地看作自由落体运动。

不同物体自由下落得快慢是否相同呢?

如图 2-11 所示是一根长约 1.5 m,一端封闭,另一端有阀门的玻璃筒。把形状和质量都不相同的硬币、羽毛、小软木塞同时放进这个玻璃筒。如果玻璃筒中有空气,把玻璃筒倒立过来,这些物体下落快慢不同,如图(a)所示。如果用抽气机把玻璃筒中的空气几乎抽尽,再把玻璃筒倒立过来,这些物体下落快慢是相同的,如图(b)所示。所以,我们平常所见到的石块下落快,树叶下落慢,那是因为空气阻力的影响,如果没有空气阻力,让石块和树叶做自由落体运动,则它们下落的快慢是一样的。

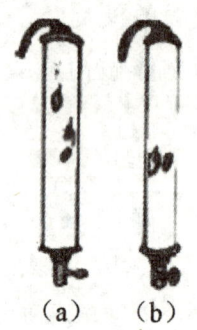

图 2-11 物体下落快慢问题研究

许许多多事实表明,自由落体运动是初速度为零的匀加速直线运动。

自由落体加速度 使用不同物体的反复试验表明,在同一地点,一切物体自由下落的加速度都相同,这个加速度叫作自由落体加速度,也叫重力加速度,通常用 g 来表示。

重力加速度 g 的方向总是竖直向下的,它的大小可以通过实验方法来测定。

精确的实验表明,地球上不同地方的 g 的大小略有差别。一般来讲纬度越大的地方,重力加速度 g 的值越大,赤道处最小。同一纬度处,高度越高,重力加速度 g 的值越小。在通常的计算中,g 取 $9.8\ \text{m/s}^2$,在粗略的估算中,g 可以取 $10\ \text{m/s}^2$。表 2-2 列出了地球上不同纬度处的重力加速度的数值。

表 2-2　地球上不同纬度处的重力加速度 $g/(\text{m/s}^2)$

地点	赤道	广州	武汉	上海	北京	莫斯科	北极
纬度	0°	23°06′	30°33′	31°12′	39°56′	55°45′	90°
$g/(\text{m/s}^2)$	9.780	9.788	9.794	9.794	9.801	9.816	9.832

自由落体运动公式　自由落体运动是初速度为零的匀加速直线运动,它的加速度是 g,它的位移的大小等于下落的高度 h,所以,自由落体运动的规律可以用公式表示为

$$v_t = gt \qquad h = \frac{1}{2}gt^2 \qquad v_t^2 = 2gh$$

因为 $v_0 = 0, a = g$ 是自由落体运动的两个必然的已知条件,所以在其余三个量:v_t、h 和 t 之中,只需已知其中一个量,就可以求出另外两个量。

练习五

1. 物体只在重力作用下从_____开始下落的运动,叫作自由落体运动。

2. 自由落体运动是初速度为_____的匀加速直线运动。

3. 重力加速度的方向总是_____,在通常的计算中,重力加速度的大小取_____。

4. 表示自由落体运动的规律的公式有_____、_____、_____。

5. 下面几个落体运动中,能被近似地看成是自由落体运动的是(　　)。

　A. 秋天的落叶　　　　　　B. 伞兵打开降落伞后从空中落下

　C. 雪花从空中飘落下来　　D. 螺丝钉从脚手架上脱落

6. 关于自由落体运动,下列说法正确的是(　　)。

　A. 开始下落时,速度、加速度均为零

　B. 开始下落时,速度为零,加速度为 g

C. 下落过程中,速度、加速度都在增大

D. 下落过程中,速度增大,加速度在减小

7. 让一轻一重两个石块同时从同一高处自由下落,空气的阻力忽略不计,关于两石块的运动情况,下列说法正确的是(　　)。

　　A. 重的石块落得快,先着地

　　B. 轻的石块落得快,先着地

　　C. 在着地前的任一时刻,两石块具有相同的速度和位移

　　D. 在整个下落过程中,重的石块的平均速度比轻的石块的平均速度大

8. 下列关于重力加速度 g 的说法中,不正确的是(　　)。

　　A. 重力加速度 g 是标量,只有大小没有方向,通常计算中取 $g=9.8$ m/s^2

　　B. 在地面上不同的地方,重力加速度 g 的大小不同,但相差不是很大

　　C. 在地球表面的同一地点,一切物体在自由落体运动时的加速度 g 都相同

　　D. 在地球表面的同一地点,离地面高度越高重力加速度 g 值越小

9. 伽利略以前的学者认为,物体越重,下落得越快。伽利略等物理学家否定了这种看法。有人在一高塔顶端同时释放一片羽毛和一个玻璃球,玻璃球先于羽毛到达地面,主要是因为(　　)。

　　A. 它们的质量不等　　　　B. 它们的密度不等

　　C. 它们的材料不同　　　　D. 它们所受的空气阻力影响不等

10. 高空作业时,一把钳子从 19.6 m 高的地方自由落下,它经过多长时间落地,落到地面时的速度是多少?

11. 为了测出井口到水面的距离,让一小石块从井口自由落下,经过 2.5 s 听到石块击水的声音,估算井口到水面的距离。考虑到声音在空气中传播需要一定时间,估算结果偏大还是偏小?

12. 一个自由下落的物体,它在最后 1 s 的位移是 35 m,则物体落地速度是多大?下落时间是多少?

本章知识小结

1. 匀速直线运动　物体在一条直线上运动,如果在任意相等的时间内位

移都相等,这种运动叫匀速直线运动。匀速直线运动特点是:$a=0$ 或 v 是恒量。位移公式:$x=vt$。

匀速直线运动的 v-t 图像是一条平行于时间轴的直线;匀速直线运动的 x-t 图像是过原点的一条倾斜直线。

2. 匀变速直线运动 沿着一条直线,且加速度不变的运动,叫作匀变速直线运动。匀变速直线运动的特点:a 是恒量。

匀变速直线运动分为匀加速直线运动和匀减速直线运动。

3. 匀变速直线运动的速度和时间关系 匀变速直线运动的速度与时间关系式是

$$v_t = v_0 + at$$

这个公式涉及 v_0、v_t、a、t 四个物理量,如果已知其中三个物理量,就可以根据这个公式求出第四个量来。

当初速度为零时,速度公式就变为 $v_t = at$。

匀变速直线运动的 v-t 图像是一条倾斜的直线(匀加速是向上倾斜,匀减速是向下倾斜)。利用匀变速直线运动的 v-t 图像,可以求出质点在任意时刻的瞬时速度;也可求出质点达到某一速度所需的时间;也可求质点的加速度;还可以求质点在一段时间内的位移。

4. 匀变速直线运动的位移和时间关系 匀变速直线运动的位移与时间关系式是

$$x = v_0 t + \frac{1}{2} a t^2$$

这个公式涉及 v_0、x、a、t 四个物理量,如果已知其中三个物理量,就可以根据这个公式求出第四个量来。

当初速度为零时,位移公式就变为 $x = \frac{1}{2} a t^2$。

匀变速直线运动的 x-t 图像不再是直线。

5. 匀变速直线运动的速度和位移关系 匀变速直线运动的速度与位移关系式是

$$v_t^2 - v_0^2 = 2ax$$

这个公式不含时间变量 t,直接表明了速度和位移的关系,在解决某些问题时因为不需要再求时间这个物理量,有时会带来很大的便捷。

当初速度为零时,匀变速直线运动的速度与位移关系式就变为 $v_t^2 = 2ax$。

6. 自由落体运动　物体只在重力作用下从静止开始下落的运动,叫作自由落体运动。其特点是:$v_0=0, a=g$ 的竖直向下的匀变速直线运动。

自由落体运动的公式:$v_t=gt$,$h=\dfrac{1}{2}gt^2$,$v_t^2=2gh$。

因为 $v_0=0, a=g$ 是自由落体运动的两个必然的已知条件,所以在其余三个量:v、h 和 t 之中,只需已知其中一个量,就可以求出另外两个量。

伽利略对自由落体运动的研究

意大利物理学家、天文学家和数学家伽利略首先发现并指出:自由落体运动是初速度为零的匀加速直线运动。

一、揭露矛盾,巧妙论证

公元前 4 世纪,希腊哲学家亚里士多德最早提出他的看法:"物体下落的快慢是由它们的轻重决定的,物体越重,下落得越快。"在其后两千多年的时间里,人们一直认同他的这一观点。

伽利略对每一事物一定要经过仔细推敲才能接受,决不盲从权威。他认真研究了自由落体运动,1638 年他写下了《两种新科学的对话》一书,书中有这样一段精彩的话:

"……甚至不需要做进一步的实验,就可以用一个简短而能令人信服的论证来清楚地证明重物体下落得不会比轻物体快,……如果

利略(1564～1642)

把两个自然速率不同的物体连在一起,那么快的会由于被慢的拖着而减速,慢的会由于被快的拖着而加速……如果这是对的,那么我们取一块大石头,例如它的下落速率为 8,取一块小石头,下落速率为 4,将它们拴在一起,整个系统的下落速率应该小于 8。但是两块石头拴在一起,总重量比大石头还重,要是重物落地快的话,那么整个系统下落的速率要比 8 大。"这样,伽利略揭露了亚里士多德观点的自相矛盾,巧妙地论证了重物体不会比轻物体下落得更快。

二、抓住主要现象,科学推测

在自然界,轻重不同的物体在空气中从同一高度下落,事实上并不是准确地同时落地。伽利略在观察自然现象中,抓住主要现象进行科学推测,他认为这些物体落到地面的时间稍有差别是次要问题,重要的是要看到它们"几乎同时"落地。他相信再深入研究落体运动时会证实,不同的物体落到地面的时间的差别是由于空气阻力的影响引起的。后来在真空的管子里做的实验证明了伽利略的这个推测是正确的。

三、大胆设想,数学分析

重物在下落过程中速率不断增加,但是速率的增加有什么规律呢?在《两种新科学

的对话》中,伽利略提出了大胆的设想:

"……当我观察一块原来静止的石块从高处落下速率连续增加时,为什么我不应该相信速率的增加是一种最简单、也是人们最容易理解的方式在进行呢?"他认为这种最简单、最容易为人们所理解的运动方式,就是从重物下落开始,在相等的时间间隔里速率的增加是相等的,即做初速度为零的匀加速直线运动。

伽利略通过数学分析,断定初速度为零的匀加速直线运动的末速度应该与下落的时间成正比,即 $\frac{v_t}{t}$ = 常量;通过的距离应该与下落的时间的平方成正比,即 $\frac{s}{t^2}$ = 常量。

四、设计实验,合理推论

伽利略要用实验来验证 $\frac{v_t}{t}$ = 常量或 $\frac{s}{t^2}$ = 常量,然而在那个年代,要准确地测量物体下落的时间是很困难的,要直接测量物体刚落至地面那一瞬时的速率就更加困难。伽利略意识到不可能直接用实验来验证自己的设想,就设计了一个间接实验来验证自己的想法。

伽利略的实验思路非常巧妙。他让一个铜球从阻力很小、倾斜角很小的斜面滚下。多次实验的结果表明,让球从不同的位置滚下时,它通过的位移跟所用时间的平方之比保持不变,即 $\frac{s}{t^2}$ = 常量。选用不同质量的球,让它们沿同一斜面滚下,测得的位移跟对应时间的平方之比依然不变。由此说明,小球沿光滑斜面所做的运动是跟质量无关的匀变速直线运动。

伽利略在能够测量出时间的前提下,尽量增大斜面的倾角,重复上述实验,结果表明 $\frac{s}{t^2}$ 的值随斜面倾斜角的增大而增大,但是对同一斜面 $\frac{s}{t^2}$ 的值保持不变。

由此,伽利略合理推论,当斜面的倾斜角增大到90°时, $\frac{s}{t^2}$ = 常量还是成立的,小球仍然是做匀加速直线运动(即做自由落体运动)。后来,伽利略的这个推论得到了证实。

伽利略对自由落体的研究,开创了研究自然规律的科学方法,这就是抽象思维、数学推导和科学实验相结合的方法。这种方法对后来的科学研究具有重大的启蒙作用。

复 习 题

一、选择题

1. 物体做自由落体运动时,某物理量随时间的变化关系如图2-12所示,由图可知,纵轴表示的这个物理量是(　　)。

  A. 位移   B. 速度

C. 加速度　　　　　　D. 路程

2. 关于自由落体运动,以下说法正确的是(　　)。

A. 质量大的物体自由下落时的加速度大

B. 位置高的物体下落的加速度大

C. 雨滴或雪花下落的过程是自由落体运动

D. 在地球上同一地点不同物体自由下落的加速度一样大

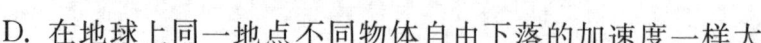

图 2-12

3. 甲、乙两个物体做匀变速直线运动,通过 A 点时,物体甲的速度是 $6\ \mathrm{m/s}$,加速度是 $1\ \mathrm{m/s^2}$;物体乙的速度是 $-4\ \mathrm{m/s}$,加速度是 $2\ \mathrm{m/s^2}$。则下列说法中正确的是(　　)。

A. 通过 A 点时,甲运动快乙运动慢

B. 通过 A 点时,甲比乙速度变化快

C. 通过 A 点时,甲、乙运动方向相同

D. 以上说法都不正确

4. 匀变速直线运动是(　　)。

① 位移随时间均匀变化的直线运动　② 速度随时间均匀变化的直线运动

③ 加速度随时间均匀变化的直线运动　④ 加速度的大小和方向恒定不变的直线运动

A. ①②　　　B. ②③　　　C. ②④　　　D. ③④

5. 一个以 $6\ \mathrm{m/s}$ 的速度在水平面上运动的小车,如果获得与运动方向同向的 $2\ \mathrm{m/s^2}$ 的加速度,$2\ \mathrm{s}$ 后它的速度将增加到(　　)。

A. $2\ \mathrm{m/s}$　　　　　　B. $4\ \mathrm{m/s}$

C. $8\ \mathrm{m/s}$　　　　　　D. $10\ \mathrm{m/s}$

6. 一物体在水平面上运动,则在图 2-13 所示的运动图像中,表明物体做匀加速直线运动图像的是(　　)。

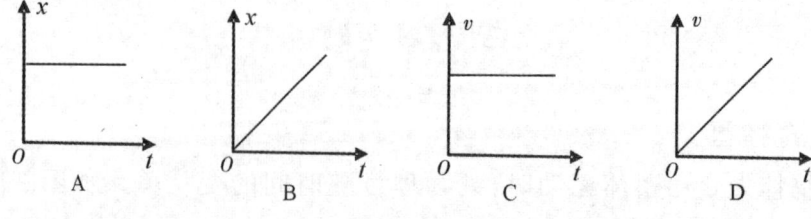

图 2-13

二、填空题

1. 沿着一条直线，且_____保持不变的运动叫作匀速直线运动；沿着一条直线，且_____保持不变的运动叫作匀变速直线运动。

2. 匀变速直线运动可分为_____直线运动和_____直线运动。

3. 对于匀变速直线运动，v-t 图像下面与时间轴所围的面积可表示物体的_____。

4. 匀变速直线运动的 v-t 图像是一条_____直线。

（以下三题中初速度、末速度、位移、加速度、时间分别用 v_0、v_t、x、a、t 表示）

5. 匀变速直线运动的速度与时间的关系式为_____。

6. 匀变速直线运动的位移与时间的关系式为_____。

7. 匀变速直线运动的速度与位移的关系式为_____。

8. 物体只在重力作用下从_____开始下落的运动，叫作自由落体运动。

9. 自由落体运动是初速度为 0 的_____。

三、判断题

1. 匀变速直线运动的速度保持不变。（   ）

2. 物体有加速度，速度一定增加。（   ）

3. 匀速直线运动的加速度为 0。（   ）

4. 初速度为 0 的匀变速直线运动的位移公式可写为 $x=\frac{1}{2}at^2$。（   ）

5. 自由落体加速度与重力加速度是不同的物理量。（   ）

6. 在地球上不同地方，重力加速度的大小完全相同。（   ）

7. 匀变速直线运动中速度随时间均匀变化。（   ）

8. 伽利略对自由落体运动进行了科学的研究。（   ）

四、计算题

1. 一汽车以 36 km/h 的速度匀速行驶。现在开始加速，加速度为 $1\ m/s^2$，加速时间为 10 s。求：

（1）加速期间汽车发生的位移；

（2）加速结束时汽车达到的速度。

2. 飞机着陆后匀减速滑行,它滑行的初速度是 60 m/s,加速度的大小是 5 m/s²,求：

(1) 飞机着陆后要多长时间才能停下来？

(2) 飞机要滑行的距离是多少？

3. 一小球从高为 100 m 的塔顶做自由落体运动,求经过 4 s 小球离地面的高度。($g=10$ m/s²)

第3章 力和物体的平衡

力学是物理学的一个重要组成部分。自然界里没有不受力的物体,物体的运动变化、物体的形状改变等都离不开力的作用,物体的平衡和各种形式的机械运动,也都是力作用的结果,各种力造就了丰富多彩的物理世界。

本章我们将会学习力学中常见的三种力——重力、弹力和摩擦力,力的合成与分解,物体受力分析,共点力作用下物体的平衡等。

§3.1 力的概念

力的概念 原来静止的足球被踢出去,球由静止变为运动;守门员接住球,球由运动变为静止;运动员用头顶球,球的方向改变了;本来沿直线滚动的铁球经过侧面的磁铁时,因受到磁铁的吸引而改变了运动方向。这些都是物体运动状态发生改变的例子。用手拉弹簧,弹簧就伸长,用力拉弓,弓就发生弯曲,这些都是物体产生形变的例子。

什么原因使物体的运动状态发生变化或使物体产生形变呢?这些都是物体之间相互作用的结果。物理学中,人们把**物体与物体之间的相互作用称为力**。力的作用效果是使受力物体的运动状态发生变化或使受力物体的形状产生变化。

在国际单位制中,力的单位是牛顿,简称为牛,符号是 N。

力的特性 (1)物质性:力是物体间的相互作用,因此,力不能脱离物体而单独存在。一个物体受到力的作用,一定有另外一个物体施加了这种作用。前者是受力物体,后者是施力物体。例如,马拉车,马对车施了力,马是施力物体,车是受力物体;磁铁吸铁,磁铁对铁施了力,磁铁是施力物体,铁是受力物体。施力物体和受力物体，缺少任何一个，都不会有力的作用。

（2）相互性：静止放在桌面上的木块，若以桌面为研究对象，桌面受到木块的压力，这个时候，施力物体是木块，受力物体是桌面。若以木块为研究对象，木块受到桌面的支持力，这个时候，施力物体是桌面，受力物体是木块。因此，根据研究对象的不同，施力物体与受力物体可以相互转换。

（3）矢量性：力是矢量，不仅有大小，而且有方向。要把一个力完全表达出来，除了知道力的大小外，还要指明力的方向。

力的三要素　力对物体的作用效果与哪些要素有关呢？拉弓射箭的时候，开弓的力越大，弓的形变就越大，所以力的大小是决定力的作用效果的一个要素；对弹簧的拉力和压力是方向不同的作用力，它们分别会使弹簧产生伸长和压缩两种不同的形变，可见力的方向也是决定力的作用效果的一个要素；生活经验中，如果我们用手推椅子的顶端，只要稍加用力，椅子就会被推倒；但如果用手推椅子的底部，椅子只能向前移动，而不会被推倒，因此，力的作用点也是决定力的效果的一个要素。

力的大小、方向和作用点，被称为力的三要素。这是任何种类的力都具有的共性，是力的基本性质。力对物体的作用效果就决定于力的三要素。

力的图示和力的示意图　可以用带箭头的线段表示力。线段是按一定比例（标度）画出的，它的长短表示力的大小，它的指向表示力的方向，箭尾（或箭头）表示力的作用点，线段所在的直线叫作力的作用线。这种表示力的方法，叫作**力的图示**。如图 3-1 所示，有向线段的长度表示作用在小车上的力大小为 80 N，箭头的方向表示小车受力的方向。

有时只需要画出力的作用点和方向，这种表示力的方法，叫作力的示意图。如图 3-2 所示，在今后的学习中，我们经常使用到的是力的示意图。

图 3-1　力的图示

图 3-2　力的示意图

练习一

1. 力是_____作用。
2. 力的三要素是_____、_____和_____。
3. 下列关于力的说法错误的是（　　）。

    A. 一个力可能有两个施力物体

    B. 不存在不受力的物体

    C. 物体受到力的作用，其运动状态未必改变

    D. 物体发生形变时，一定受到力的作用

4. 下列因素中不影响力的作用效果的是（　　）。

    A. 力的大小　　　　　　　B. 力的方向

    C. 力的作用点　　　　　　D. 力的单位

5. 下列说法中正确的一组是（　　）。

    ① 物体间力的作用是相互的　　② 只有相互接触的物体才有力的作用

    ③ 力是改变物体动状态的原因　　④ 力可以脱离物体而单独存在

    A. ①②　　　B. ①③　　　C. ②③　　　D. ③④

6. 判断以下说法是否正确。

    (1) 力是物体对物体的作用，力不能脱离物体而独立存在。(　　)

    (2) 只有相互接触的物体才有可能产生相互作用。(　　)

    (3) 相互接触的物体间一定有力的作用。(　　)

    (4) 磁铁能吸引铁块，但它附近没有铁块，所以可以只有施力物体，没有受力物体。(　　)

7. 作图：用力的图示法把下面的力表示出来。

    (1) 小孩用 5 N 的竖直向下的力拉弹簧；

    (2) 放在桌面上的书重 2 N；

    (3) 沿水平地面向右移动的木箱受到 10 N 阻力。

§3.2 重　力

重力　地球上的一切物体，都要受到地球的吸引。由于地球的吸引而使物体受到的力叫作重力。重力通常用字母 G 表示。

初中时我们已经知道，物体受到的重力 G 与物体质量 m 的关系是 $G=mg$。

其中 g 是前面学过的自由落体加速度。

重力不但有大小，而且有方向，重力的方向是竖直向下。

重心　一个物体的各部分都受到重力的作用，从效果上看，我们可以认为各部分受到的重力作用集中于一点，这一点叫作物体的重心。因此，重心不是物体上最重的点，而且，由于重心是一个等效作用点，所以它可以不在物体上。例如，质量分布均匀的圆环，其重心在圆心，并不在物体上。

一般物体的重心位置，常常取决于它的质量分布和几何形状。

质量均匀分布的物体，重心的位置只跟物体的形状有关。对于形状规则且质量分布均匀的物体，其重心就在它的几何中心。例如，均匀长方体的重心就在其对角线的交点处，均匀球体的重心在球心处，如图 3-3 所示。

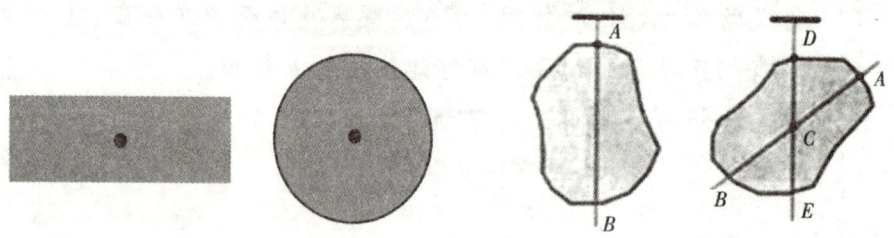

图 3-3　质量均匀且形状规则物体的重心位置　　图 3-4　确定薄板的重心

对于形状不规则的物体，可用简单的实验方法——悬挂法，确定其重心。我们以薄板为例，用悬挂法确定薄板的重心，如图 3-4 所示。薄板重心的位置可以通过两次悬挂来确定。

先在 A 点把物体悬挂起来，通过 A 点画一条竖直线 AB，然后再选另一处 D 点把物体悬挂起来，通过 D 点画一条竖直线 DE，AB 和 DE 的交点 C，就是薄板的重心。

质量分布不均匀的物体,重心的位置除了跟物体的形状有关外,还跟物体内质量的分布有关。载重汽车的重心随着装货多少和装载位置而变化。起重机和提升物整体的重心,随着提升物的重量和提升的高度而变化。

练习二

1. 由于_____叫作重力,重力的方向是_____。
2. 重力和质量的关系可以表示为_____。
3. 关于重力的说法,正确的是(   )。
   A. 重力就是地球对物体的吸引力
   B. 只有静止的物体才受到重力
   C. 物体在地球上无论怎样运动都受到重力作用
   D. 重力大小和物体运动状态有关
4. 假设物体的重力消失了,下列判断不正确的是(   )。
   A. 天不会下雨
   B. 一切物体都没有质量
   C. 河水不会流动
   D. 用天平不能测出物体的质量
5. 关于重心,下列说法正确的是(   )。
   A. 任何有规则形状的物体,它的重心一定与它的几何中心重合
   B. 用一根绳子把一个物体悬挂起来,物体处于完全静止状态,该物体的重心不一定在绳子的延长线上
   C. 任何物体的重心都在物体内,不可能在物体外
   D. 重心与物体的形状和物体内质量分布有关
6. 画出下面几个物体所受重力的图示。($g=10 \text{ N/kg}$)
   (1) 放在水平面上的质量 $m=0.05 \text{ kg}$ 的墨水瓶;
   (2) 竖直向上飞行的质量 $m=2×10^3 \text{ kg}$ 的火箭;
   (3) 沿着滑梯下滑的质量 $m=20 \text{ kg}$ 的小孩;
   (4) 抛出后在空中飞行的质量 $m=4 \text{ kg}$ 的铅球。

§3.3 弹　　力

弹力　物体在力的作用下形状或体积会发生变化,这种变化叫作形变。例如,竹竿受力会变弯,弹簧受力会伸长或缩短等。物体在力的作用下发生的形变,有的明显,如上面所举的例子;有的不明显,不能直接看到,如在桌面上放一些书,桌面也发生了微小形变;再比如,用手握紧杯子,杯子也发生了微小形变,但这些微小形变要通过实验才能观察到。

有些物体的形变在撤去作用力后能够恢复原状,这种形变叫作**弹性形变**。然而物体的这种形变是有条件的,如果形变过大,超过一定的限度,撤去作用力后物体不能完全恢复原来的形状,这个限度叫作**弹性限度**。

用手拉弹簧,使弹簧伸长,手会感到弹簧对手有拉力;用手压弹簧,使弹簧缩短,手会感到弹簧对手有推力。这表明,发生弹性形变的物体,由于要恢复原状,对与它接触的物体会产生力的作用,这种力叫作**弹力**。

根据弹力的定义可知,两个物体只有接触并且因相互挤压或拉伸而产生弹性形变,它们之间才会产生弹力。这就是弹力产生的条件。

常见的弹力有压力、支持力和拉力。压力和支持力的方向都垂直于物体的接触面。用绳子拉物体时,绳的拉力的方向总是沿着绳子远离受力物体。

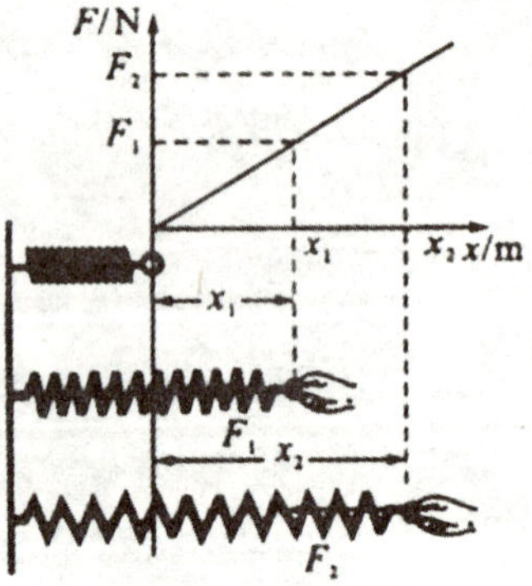

胡克定律　弹力的大小跟形变的大小有关系,形变越大,弹力也越大,形变消失,弹力随之消失。

图 3-5　弹簧的弹力和伸长量的关系

弹力与形变的定量关系,一般来讲比较复杂。而弹簧的弹力与弹簧的伸长量(或压缩量)的关系则比较简单(图 3-5)。实验表明,弹簧发生弹性形变时,弹力的大小 F 跟弹簧伸长(或缩短)的长度 x 成正比,即

$$F=kx$$

式中的 k 称为弹簧的**劲度系数**,单位是**牛顿每米**,单位的符号是 N/m。

生活中说有的弹簧"硬",有的弹簧"软"指的就是它们的劲度系数不同。劲度系数由弹簧本身决定,与弹簧所受的力的大小以及形变程度无关。这个规律是英国科学家胡克发现的,叫作胡克定律。

练习三

1. 关于弹力,下列说法中正确的是(　　)。
   A. 两个物体相互接触就一定有弹力作用
   B. 接触面之间的弹力方向一定垂直于接触面
   C. 弹力的大小与物体的形变量无关
   D. 压力、拉力、阻力就其性质而言都是弹力

2. 关于弹力的方向,下列说法正确的是(　　)。
   A. 放在水平桌面上的物体所受弹力的方向是竖直向下的
   B. 放在斜面上的物体所受斜面的弹力的方向是竖直向上的
   C. 将物体用绳吊在天花板上,绳所受物体的弹力方向是竖直向上的
   D. 物体间互相挤压时,弹力的方向垂直接触面指向受力物体

3. 将一根原长为 50 cm,劲度系数是 200 N/m 的弹簧在弹性限度内拉长为 70 cm,则弹簧的弹力大小为(　　)。
   A. 100 N　　B. 40 N　　C. 140 N　　D. 240 N

4. 关于弹簧的劲度系数,下列说法中正确的是(　　)。
   A. 与弹簧所受的拉力有关,拉力越大,劲度系数也越大
   B. 与弹簧发生的形变有关,形变越大,劲度系数越小
   C. 由弹簧本身决定,与弹簧所受的拉力大小及形变程度无关
   D. 与弹簧本身特征、所受拉力大小、形变的大小都有关

5. 按要求画出下列物体受到的弹力方向。
   (1) 放在光滑竖直墙与粗糙水平地面间的棒在 A、B 两处受到的弹力,如图 3-6 所示;
   (2) 木块沿光滑的四分之一圆弧滑行到图 3-7 所示位置时所受到的弹力;
   (3) 用细绳悬挂、靠在光滑竖直墙上的小球受到的弹力,如图 3-8 所示。

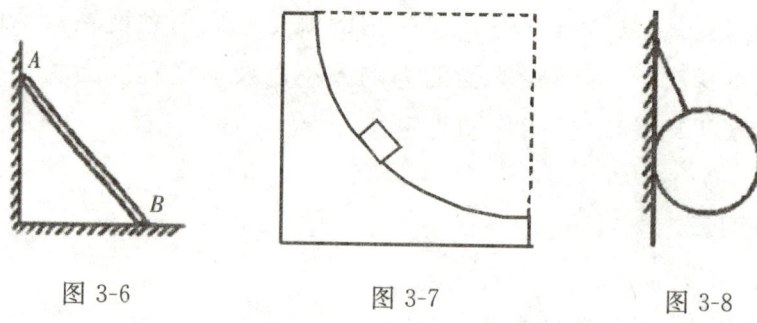

图 3-6　　　　　图 3-7　　　　　图 3-8

§3.4 摩 擦 力

摩擦力一般分为静摩擦力、滑动摩擦力和滚动摩擦力。现阶段我们主要研究静摩擦力和滑动摩擦力。

静摩擦力　如图 3-9 所示，小孩轻推箱子，箱子有相对地面运动的趋势，但相对地面没有运动，箱子与地面仍然保持相对静止。根据初中学过的二力平衡的知识，这时一定有一个力与推力相平衡，这个力与小孩对箱子的推力大小相等、方向相反。这个力就是地面对箱子的摩擦力。由于箱子对地面只有相对运动趋势，而没有相对运动，所以这时的摩擦力叫作静摩擦力。静摩擦力的方向总是沿着接触面，并且跟物体相对运动趋势的方向相反。

图 3-9　箱子和地面相对静止时，会不会产生摩擦力

判断出物体相对运动趋势的方向，就能得出静摩擦力的方向。如何判断物体相对运动趋势的方向呢？我们可以用假设法，就是假设接触面是光滑的，看研究对象会向哪个方向做相对运动，那么当接触面不光滑时，该研究对象就有向那个方向的相对运动趋势。

如何确定静摩擦力的大小呢？我们推桌子，桌子没有被推动，桌子与地面仍然保持相对静止。根据初中所学的二力平衡的知识，静摩擦力与推力的大小相等、方向相反。当我们用更大的力推，桌子还是不动。同样根据二力平衡的知识,这时桌子与地面间的静摩擦力还跟推力大小相等。只要桌子与地面间没有产生相对运动,静摩擦力的大小就随着推力的增大而增大,并与推力保持大小相等。但是静摩擦力不会无限增大,当静摩擦力增大到一定限度时,物体就要开始运动,但是还没有运动,这时静摩擦力达到最大值。静摩擦力的最大值叫作**最大静摩擦力**(F_{max})。

滑动摩擦力 相互接触的两个物体有相对运动时,在接触面上产生阻碍相对运动的力叫作**滑动摩擦力**。滑动摩擦力的方向总是沿着接触面,并且跟物体相对运动的方向相反。

实验表明:滑动摩擦力大小与两物体间的正压力成正比,也就是跟两个物体表面间的垂直作用力成正比。如果用 f 表示滑动摩擦力,用 F_N 表示正压力,则有

$$f = \mu F_N$$

式中 μ 是比例常数(它是两个力的比值,没有单位),叫作**动摩擦因数**,它的数值跟相互接触的两个物体的材料有关,还跟接触面的情况(如粗糙程度)有关。表 3-1 列出的是一般情况下,一些材料之间的动摩擦因数。

表 3-1 一些材料之间的动摩擦因数

材 料	动摩擦因数	材 料	动摩擦因数
钢-冰	0.02	橡胶-路面	0.70~0.90
木-冰	0.03	玻璃-玻璃	0.40
钢-钢	0.25	皮革-铸铁	0.28
木-木	0.30	皮革-木	0.40
木-金属	0.20	气垫导轨	0.001(数量级)

最大静摩擦力的大小比物体滑动时受到的滑动摩擦力稍大。

摩擦力也是接触力,不接触的两个物体之间不会有摩擦力。相接触的两个物体之间没有弹力,也不会有摩擦力。只有当两个物体相互接触,且有因相互挤压而产生的弹力,接触面又不光滑,同时物体间还有相对运动趋势或相对运动时,这两个物体之间才会有摩擦力。这是摩擦力产生的条件。

【**例题**】在我国东北寒冷的冬季,雪橇是常见的运输工具。一个用钢制成的滑板雪橇,连同车上木料的总重量为 4.9×10^4 N。在水平的冰道上,马要在水平方向用多大的力,才能够拉着雪橇匀速前进?

解: 已知:$G = 4.9 \times 10^4$ N,$\mu = 0.02$,如图 3-10 所示,

在竖直方向上,重力 G 和支持力 F_N 相平衡,在运动方向上,雪橇匀速运

动,拉力 F_1 与滑动摩擦力 F_2 大小相等,所以 $F_1=F_2$

而
$$F_2=\mu F_N$$
$$F_N=G$$

所以
$$F_1=\mu G$$

代入数值得

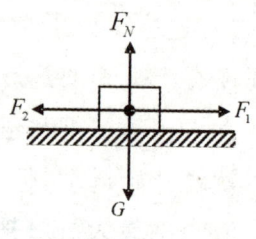

图 3-10

$$F_1=0.02\times 4.9\times 10^4 \text{ N}=980 \text{ N}$$

故马要在水平方向用 980 N 的力,才能够拉着雪橇匀速前进。

练习四

1. 重量为 100 N 的箱子放在水平地板上,至少要用 35 N 的水平推力,才能使它从原地开始运动。木箱从原地移动后,用 30 N 的水平推力,就可以使木箱继续做匀速运动。由此可知,木箱与地板之间的最大静摩擦力的大小是_____;木箱所受的滑动摩擦力的大小为_____,木箱与地板之间的动摩擦因数为_____。如果用 20 N 的水平推力推木箱,则木箱所受的摩擦力大小为_____。

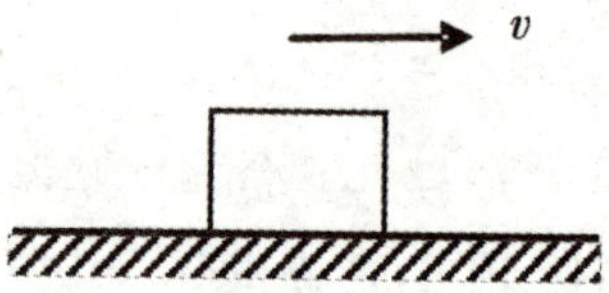

图 3-11

2. 如图 3-11 所示,在水平面上向右运动的物体,质量为 20 kg,它与水平面间的动摩擦因数为 0.1,则物体受到滑动摩擦力的大小为_____,方向为_____。($g=10$ N/kg)

3. 用手握住一个竖直的瓶子,停在空中,关于瓶子所受的摩擦力,说法正确的是(   )。

　　A. 握力越大,摩擦力就越大

　　B. 手越干燥、越粗糙,摩擦力就越大

　　C. 摩擦力不变

　　D. 以上说法都不正确

4. 关于静摩擦力的方向,下列说法正确的是(   )。

　　A. 静摩擦力的方向跟物体相对运动趋势方向相同

　　B. 静摩擦力的方向跟物体相对运动趋势方向相反

C. 静摩擦力的方向跟物体相对运动趋势方向垂直

D. 以上说法都不对

5. 有关滑动摩擦力的下列说法,正确的是(　　)。

A. 物体所受的滑动摩擦力与物体所受的重力成正比

B. 滑动摩擦力总是与物体运动方向相反

C. 滑动摩擦力总是阻力

D. 滑动摩擦力随正压力增大而增大

6. 关于摩擦力与弹力的关系,下列说法正确的有(　　)。

A. 有弹力一定有摩擦力　　　　B. 有摩擦力一定有弹力

C. 弹力和摩擦力的方向相同　　D. 弹力和摩擦力的方向相反

§3.5　受力分析

在研究力学问题时,弄清楚所研究物体的受力情况是十分重要的。在实际问题中,一个物体往往同时受到几个物体的作用,因此,在分析物体的受力情况时,通常需要把这一物体从周围物体中隔离出来,单独画出这个物体的简图,并把各个施力物体对它的作用力示意图画出来,这样的图叫作**物体的受力图**。这种方法叫作**"隔离法"**。在实际问题中,每个力的作用点可能各不相同,但现阶段我们主要研究的是质点的运动,画受力图时,可以把所有力的作用点画在同一点上。

分析物体受力情况的步骤:(1)确定研究对象,只分析研究对象受到的力,不能考虑研究对象对别的物体施加的力;(2)画出研究对象受到的重力;(3)看研究对象与哪些物体接触,如果它同周围的物体有挤压或拉伸的现象,它一定受到弹力作用;如果它同周围接触的物体除了相互挤压外,还存在相对运动或相对运动趋势,接触面又不光滑,它必然还会受到摩擦力的作用。

下面通过实例分析物体受力情况,讨论受力图的画法。

1. 分析在平直公路上匀速行驶的汽车的受力情况。

首先,将汽车作为研究对象,在忽略空气阻力的情况下,它受到竖直向下的重力 G,地面的支持力 F_N,汽车发动机产生的向前的牵引力 F 和汽车前进时受到的向后的摩擦力 f,所以它的受力情况如图 3-12 所示。

2. 静止在斜面上或沿斜面下滑的木块的受力情况。

木块受到向下的重力 G。由于木块压斜面,斜面变形而对木块产生支持力 F_N,它的方向是垂直斜面向上。木块静止或沿斜面下滑时,受到沿斜面向上的摩擦力 f,所以它的受力情况如图 3-13 所示。

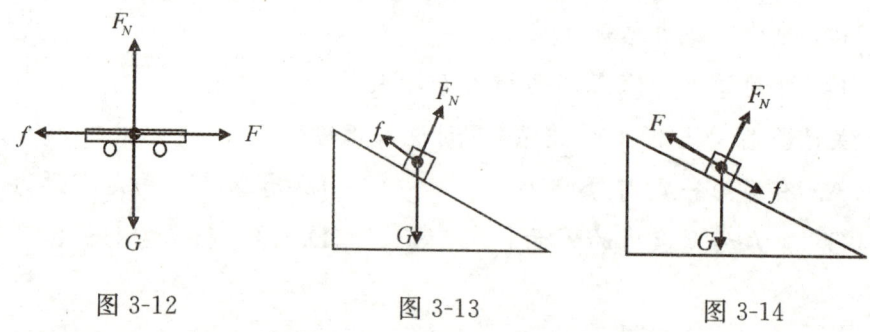

图 3-12　　　　　图 3-13　　　　　图 3-14

3. 在外力作用下沿斜面向上运动的木块的受力情况。

如果给物体一个沿斜面向上的拉力 F,使木块沿斜面向上运动,木块除受重力 G 和支持力 F_N 外,还受到沿斜面向上的拉力 F,这时它受到的摩擦力 f 的方向沿斜面向下,所以它的受力情况如图 3-14 所示。

 练习五

1. 竖直电线下吊一盏灯,灯受到几个力作用?画出灯的受力图。
2. 画出关闭了发动机的公共汽车沿平直公路进入车站过程中汽车的受力图。
3. 分析下列物体的受力情况。(各物体都处于静止状态)

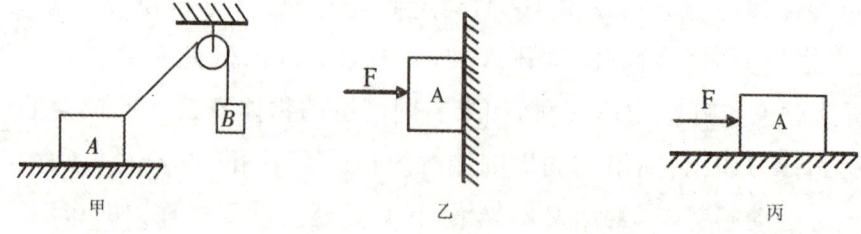

图 3-15　分析各物体所受到的力

§3.6 力的合成

在生活和生产中,作用在物体上的力往往不止一个。例如,两个人同提一桶水,作用在水桶上有两个拉力。当然,一桶水也可以由一个人来提。也就是说,一个力的作用效果有时跟几个力共同作用的效果相同。

如果一个力作用在物体上,它产生的效果跟几个力共同作用的效果相同,这个力就叫作那几个力的**合力**,而原来的几个力叫作**分力**。

力的合成　求几个力的合力的过程叫作**力的合成**。

如果一个物体同时受到两个或更多个力的作用,有些情况下这些力共同作用在同一点上,或者虽不作用在同一点上,但它们的延长线交于一点,这样的一组力叫作共点力,如图3-16所示。另外一些情况下,这些力不但没有作用在同一点,它们的延长线也不能交于一点,如图 3-17 所示,重力 G 和竖直向上的拉力 F 就不是共点力。

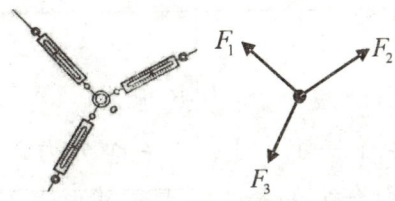

图 3-16　这三个弹簧秤的拉力是一组共点力

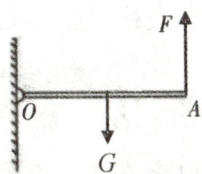

图 3-17　重力 G 和竖直向上的拉力 F 就不是共点力

如何求共点力的合力呢?下面我们以求两个共点力的合力为例来研究共点力合成的法则。

平行四边形定则　两个互成角度的共点力合成时,可以用表示这两个力的线段为邻边作平行四边形,这两个邻边之间的对角线就代表合力的大小和方向(图 3-18)。这个法则叫作**平行四边形定则**。

改变两邻边的长度和它们的夹角,对角线也随之改变,这说明了合力 F 不仅与两个分力 F_1 和 F_2 的

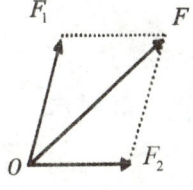

图 3-18　力的合成的平行四边形定则

大小有关,而且与两个分力的夹角 θ 有关。当两个分力大小不变时,合力 F 随两个分力 F_1、F_2 的夹角 θ 的变化而变化,如表 3－2 所示。

表 3－2　当两个分力 F_1、F_2 的大小不变时,合力 F 随两分力的夹角 θ 的变化情况

	θ	F
$F_1\ F_2\ F$ → → →	$\theta=0°$	$F=F_1+F_2$
(平行四边形图)	$0°<\theta<90°$	$\sqrt{F_1^2+F_2^2}<F<F_1+F_2$
(矩形图)	$\theta=90°$	$F=\sqrt{F_1^2+F_2^2}$
(钝角平行四边形图)	$90°<\theta<180°$	$\|F_1-F_2\|<F<\sqrt{F_1^2+F_2^2}$
$F_1 ← \bullet → F_2$	$\theta=180°$	$F=\|F_1-F_2\|$

观察表格,我们可以得出三个结论:

(1) 两个分力夹角 θ 越大,合力 F 越小;θ 越小,合力 F 越大;

(2) 合力不一定大于任意一个分力,也不一定小于任意一个分力;

(3) $|F_1-F_2| \leqslant F \leqslant F_1+F_2$,即两个力合力的最大值是这两个力大小的和,两个力合力的最小值是这两个力大小的差的绝对值。

若求两个以上共点力的合成时,可以先根据平行四边形定则求出任意两个力的合力,再求出这个合力与第三个力的合力,依次类推,直到求出所有力的合力为止。

练习六

1. 力的合成遵循_____定则。

2. 光滑水平面上有一个物体,质量为 2 kg,受互相垂直的两个水平力 F_1 和 F_2 作用,$F_1=3$ N,$F_2=4$ N,则物体所受合力的大小是_____。

3. 关于合力和分力的关系,下列说法不正确的是( )。

   A. 合力的作用效果与其分力的共同作用效果相同

   B. 合力大小一定等于其分力的代数和

   C. 合力可能小于它的任一分力

   D. 合力可能等于某一分力大小

4. 一个物体受两个共点力的作用,其中 $F_1=6\ \mathrm{N}$, $F_2=8\ \mathrm{N}$。若这两个力互相垂直,则它们合力的大小为( )。

   A. 14 N   B. 10 N   C. 48 N   D. 2 N

5. 大小分别是 30 N 和 25 N 的两个共点力,对于它们合力 F 大小的判断,下列说法中正确的是( )。

   A. $0 \leqslant F \leqslant 55\ \mathrm{N}$ B. $25\ \mathrm{N} \leqslant F \leqslant 30\ \mathrm{N}$

   C. $25\ \mathrm{N} \leqslant F \leqslant 55\ \mathrm{N}$ D. $5\ \mathrm{N} \leqslant F \leqslant 55\ \mathrm{N}$

6. 两个共点力 F_1、F_2 的大小一定,夹角 θ 是变化的,它们的合力为 F。在夹角 θ 从 0° 增大到 180° 的过程中,合力的大小 F 变化情况为( )。

   A. 从最小逐渐增大到最大   B. 从最大逐渐减小到零

   C. 从最大逐渐减小到最小   D. 先增大后减小

7. 有两个共点力, $F_1=2\ \mathrm{N}$, $F_2=4\ \mathrm{N}$,它们合力 F 的大小可能是( )。

   A. 1 N   B. 5 N   C. 7 N   D. 9 N

8. 物体受有两个力,一个是 25 N,一个是 15 N,则它们的合力不可能是( )。

   A. 25 N   B. 20 N   C. 40 N   D. 180 N

9. 判断题:两个力 F_1 和 F_2 间的夹角为 θ,两力的合力为 F。判断以下说法是否正确?并说明理由。

   (1) 若 F_1 和 F_2 大小不变,夹角 θ 越小,合力 F 就越大;

   (2) 合力 F 总比分力 F_1 和 F_2 中的任何一个力都大;

   (3) 如果夹角 θ 不变, F_1 大小不变,只要 F_2 增大,合力 F 就必然增大。

§3.7 共点力作用下物体的平衡

平衡状态 桌上的书,屋顶的灯虽然都受到力的作用,但仍保持静止。火车车厢虽然受到重力、支持力、牵引力、阻力的作用,但仍可能做匀速直线运动。如果一个物体在力的作用下保持静止或匀速直线运动状态,我们就说这个物体处于平衡状态。

共点力作用下物体平衡状态的条件 受共点力作用的物体,满足什么条件才能保持平衡呢?

在初中我们学过二力平衡,物体在受到大小相等、方向相反,作用在同一条直线上的两个力作用时,处于平衡状态。这样的两个力合力为零,因此在两个共点力作用下物体平衡的条件是:合力为零。

在三个共点力作用下物体平衡的条件又是什么呢?我们可以用平行四边形定则,求出任意两个力的合力,使三力平衡转化为二力平衡。根据二力平衡条件可知,该任意两个力的合力与第三个力是大小相等、方向相反且在同一条直线上,因此在三个共点力作用下物体平衡的条件也是合力为零。

当物体在多个共点力作用下平衡时,用与上面相同的推理方法,运用平行四边形定则,使之转化为二力平衡。所以,**在共点力作用下物体的平衡条件就是合力为零。**

【例题】如图 3-19 所示,支架的轻质横梁 BC 是水平的,拉杆 AB 跟横梁成 30°角,在支架的 B 处挂上重力为 G 的物体,横梁和拉杆各受到多大的作用力?

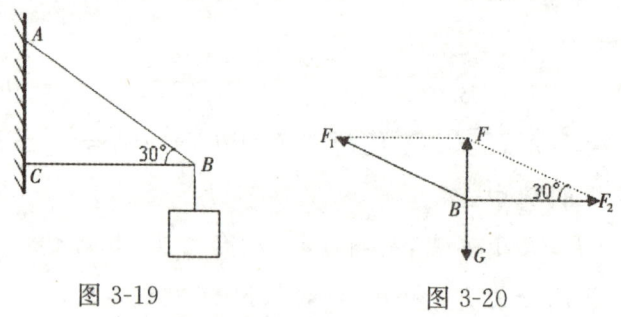

图 3-19　　　　　图 3-20

解: 取 B 处为研究对象,它受到的力如图 3-20 所示。挂重物的绳子对 B 施加的向下的拉力等于 G,斜杆 AB 的拉力 F_1,水平横梁 BC 的作用力 F_2,这三个力是共点力。B 处于静止状态,由共点力平衡的条件可知 F_1、F_2 的合力 F 与 G 大小相等,方向相反,所以

$$F_1 = \frac{F}{\sin 30°} = \frac{G}{\sin 30°} = 2G$$

$$F_2 = \frac{F}{\tan 30°} = \frac{G}{\tan 30°} = \sqrt{3}\,G$$

所以，横梁和拉杆受到的力的大小分别为 $\sqrt{3}\,G$、$2G$。

练习七

1. 平衡状态指物体处于静止状态或_____状态。

2. 在共点力作用下物体的平衡条件是_____。

3. 下列关于质点处于平衡状态的论述，正确的是(　　)。

   A. 质点一定不受力的作用　　B. 质点一定没有加速度

   C. 质点一定没有速度　　　　D. 质点一定保持静止

4. 一个物体在共点的五个恒力作用下保持静止状态，则下列说法中错误的是(　　)。

   A. 这五个力的合力必为零

   B. 其中任何一个力必和其他四个力的合力大小相等，方向相反

   C. 这五个力的施力物体必须是同一物体

   D. 若撤去其中一个力，物体就不能再继续保持静止状态了

5. n 个共点力作用在一个质点上，使质点处于平衡状态。当其中的一个力 F_1 逐渐减小时，质点所受的合力(　　)。

   A. 逐渐增大，与 F_1 同向　　B. 逐渐增大，与 F_1 反向

   C. 逐渐减小，与 F_1 同向　　D. 逐渐减小，与 F_1 反向

6. 在光滑墙壁上用网兜把足球挂在 A 点，足球与墙壁的接触点为 B，如图 3-21 所示。足球的质量为 m，悬绳与墙壁的夹角为 θ，网兜的质量不计。求悬绳对球的拉力和墙壁对球的支持力。

图 3-21

§3.8 力的分解

力的分解　在许多实际问题中,常常会碰到这样的情况,例如,某人用绳子拉着地面上的物体前进,由于绳子的拉力 F 是斜向上的(如图 3-22),所以这个力产生了两个效果:一个是使物体向前运动,另外一个是将物体向上提减小物体对地面的压力。这两个效果相当于由 F_1、F_2 两个力产生的。可见,F 可以用 F_1、F_2 来代替,F_1、F_2 就是力 F 的分力。

已知一个力求它的分力的过程,叫作**力的分解**。

力的分解是力的合成的逆运算,同样遵循平行四边形定则。方法是把一个已知力 F 作为平行四边形的对角线,那么,与力 F 共点的平行四边形的两个邻边,就表示力 F 的两个分力。在图 3-22 中 F_1、F_2 就是力 F 的两个分力。

需要指出的是,如果没有限制,对于同一条对角线,可以作出无数个不同的平行四边形,如图 3-23 所示。也就是说,同一个力 F 可以分解为无数对大小、方向不同的分力。

图 3-22　　　　　　　图 3-23

正交分解法　一个已知力应该怎样分解,要根据实际情况确定。一般情况下,把一个已知力分解成一对确定的分力需要具备的条件是:知道两个分力的方向,或者一个分力的大小和方向。我们主要研究前一种情况。

把一个已知力沿两个互相垂直的方向分解,这种分解方法叫作**正交分解法**。运用正交分解法时,通常可引入平面直角坐标系。

【例题】把一个物体放在倾角为 θ 的斜面上。物体受到重力大小为 G,方向竖直向下,如图 3-24 甲所示(物体还受到其他力的作用,图中没有画出)。现在需要沿平行于斜面的方向和垂直于斜面的方向对物体分别进行研究,为此建立直角坐标系如图 3-24 乙所示。现在把重力 G 沿两个坐标轴的方向分

解为 F_1 和 F_2，求两个分力的大小。

分析：由于坐标轴的方向跟斜面方向有确定关系，因此可以找到代表力的矢量图与斜面实物图之间的几何关系。具体来说：表示重力 G 的线段跟水平面 AC 垂直；表示分力 F_2 的线段跟斜面 AB 垂直。由于斜面倾角 $\angle BAC = \theta$，所以重力 G 与 y 轴正方向的夹角也等于 θ，如图 3-24 乙所示。这样，根据直角三角形中的三角函数关系便可以求出 F_1 和 F_2 的大小。

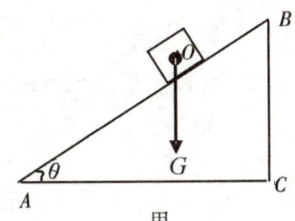
甲

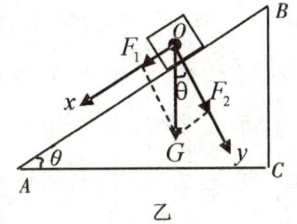
乙

图 3-24　按照图中给定的坐标轴，把重力 G 分解为 F_1 和 F_2

解：由以上分析可知，两个分力的大小为

$$F_1 = G\sin\theta$$

$$F_2 = G\cos\theta$$

可以看出，F_1 和 F_2 的大小都与斜面的倾角有关：斜面倾角 θ 增大时，F_1 增大，F_2 减小。

一座大桥的引桥就是一个斜面。上桥时，车辆所受重力的 F_1 分力与运动方向相反，阻碍车辆前进；下桥时分力 F_1 与运动方向相同，使车辆运动加快。为了便于行车，高大的桥要造很长的引桥，以减小斜面的倾角。

练习八

1. 力的分解遵循的法则：力的分解是力的合成的_____，同样遵循_____定则。

2. 如果没有限制，对于同一条对角线，可以作出_____个不同的平行四边形。

3. 物体沿斜面下滑时，常把物体所受的重力分解为（　　　）。

　　A. 使物体下滑的力和斜面的支持力

　　B. 平行于斜面向下的分力和垂直于斜面向下的分力

　　C. 斜面的支持力和水平方向的分力

D. 对斜面的压力和水平方向的分力

4. 将一个力 F 分解为两个分力 F_1 和 F_2，则下列说法中正确的是（　　）。

　　A. F_1 和 F_2 是物体实际受到的力

　　B. F_1 和 F_2 两个分力在效果上可以取代力 F

　　C. 物体受到 F_1、F_2 和 F 三个力的作用

　　D. F 一定比 F_1 和 F_2 中任何一个力都大

5. 重力为 G 的物体静止在倾角为 θ 的斜面上，将重力 G 分解为垂直斜面向下的力 F_2 和平行斜面向下的力 F_1，那么（　　）。

　　A. F_2 就是物体对斜面的压力

　　B. 物体受到的静摩擦力方向与 F_1 的方向相反

　　C. F_1 就是物体受到的静摩擦力

　　D. 物体受到重力、支持力、静摩擦力、F_1 和 F_2 共五个力的作用

本章知识小结

1. 力　　力是物体对物体的作用。力不能离开物体而单独存在。力的三个要素是大小、方向和作用点。在力学中，常见的三种力是重力、弹力、摩擦力。

2. 重力　　由于地球的吸引而使物体受到的力叫作重力。物体受到的重力 G 与物体质量 m 的关系是 $G=mg$。重力等效作用在物体的重心上，方向总是竖直向下。

3. 弹力　　发生弹性形变的物体，由于要恢复原状，对与它接触的物体会产生力的作用，这种力叫作弹力。

常见的弹力有支持力、压力和绳子的拉力。支持力和压力的方向总是垂直于接触面。绳子的拉力方向总是沿着绳子指向绳子收缩的方向。也就说，弹力的方向总是跟使物体发生形变的外力的方向相反。

在弹性限度内，弹簧的弹力 F 跟弹簧伸长（或缩短）的长度 x 成正比，即

$$F=kx$$

k 称为弹簧的劲度系数，单位是牛顿每米，单位的符号是 N/m。这个结论叫胡克定律。

4. 摩擦力 相互接触的两个物体有相对运动的趋势时,在接触面上产生阻碍物体相对运动趋势的力叫**静摩擦力**。静摩擦力的方向总是沿着接触面,并且跟物体相对运动趋势方向相反。静摩擦力的大小随着使物体产生相对运动趋势的外力的增大而增大。但是静摩擦力不会无限增大。静摩擦力的最大值叫作最大静摩擦力(F_{max})。最大静摩擦力的大小比物体滑动时受到的滑动摩擦力稍大。

相互接触的两个物体有相对运动时,在接触面上产生阻碍物体相对运动的力叫**滑动摩擦力**。其方向总是沿着接触面,并且跟物体相对运动方向相反。滑动摩擦力大小与两物体间的正压力成正比,也就是跟两个物体表面间的垂直作用力成正比。如果用 f 表示滑动摩擦力,用 F_N 表示正压力,则有

$$f = \mu F_N$$

式中 μ 是比例常数(它是两个力的比值,没有单位),叫作**动摩擦因数**,它的数值跟相互接触的两个物体的材料有关,还跟接触面的情况(如粗糙程度)有关。

5. 受力分析 分析物体受力情况的步骤:(1)确定研究对象,只分析研究对象受到的力,不能考虑研究对象对别的物体施加的力;(2)画出研究对象受到的重力;(3)看研究对象与哪些物体接触。如果它同周围的物体有挤压或拉伸的现象,它一定受到弹力作用;如果它同周围接触的物体除了相互挤压外,还存在相对运动或相对运动趋势,接触面又不光滑,它必然还会受到摩擦力的作用。

6. 力的合成 求几个力的合力的过程叫作**力的合成**。力的合成遵循平行四边形定则,即用表示这两个力的线段为邻边作平行四边形,这两个邻边之间的对角线就代表合力的大小和方向。

7. 共点力作用下物体的平衡 如果一个物体受到两个或更多力的作用,有些情况下这些力共同作用在同一点上,或者不作用在同一点上,但它们的延长线交于一点,这样的一组力叫作共点力。

如果一个物体能够保持静止或匀速直线运动状态,我们就说这个物体处于平衡状态。共点力作用下物体平衡的条件是:合力为零。

8. 力的分解 已知一个力求它的分力的过程,叫作**力的分解**。力的分解是力的合成的逆运算,同样遵循平行四边形定则。方法是把一个已知力 F 作为平行四边形的对角线,那么与力 F 共点的平行四边形的两个邻边,就表示力 F 的两个分力。如果没有限制,对于同一条对角线,可以作出无数个不同

的平行四边形。也就是说,同一个力 F 可以分解为无数对大小、方向不同的分力。

把一个已知力沿两个互相垂直的方向分解,这种分解方法叫作正交分解法。

力的种类

在力学中经常遇到重力、弹力和摩擦力,在热学中要遇到分子力,在电磁学中要遇到电磁力。重力、弹力、摩擦力、分子力、电磁力等都可以归结为两种基本的相互作用,即万有引力和电磁力。

万有引力是由于物体具有质量而在物体之间产生的一种相互作用力。这种力普遍存在于宇宙万物之间。在宇宙天体之间,在宏观物体之间,在原子、分子等微观粒子之间,都存在着这种相互作用。重力就是地面附近的物体由于受到地球的万有引力而产生的。

电磁力是存在于电荷之间的一种相互作用力。静止电荷之间有电场力,运动电荷之间除了电场力之外还有磁场力。电场力和磁场力是有联系的,常常总称为电磁力。

我们知道,原子是由带正电的原子核和绕核旋转的带负电的电子组成的,分子是由原子组成的。原子核和电子之间,原子和原子之间,分子和分子之间,虽然也存在万有引力,但比起电磁力来要小得多,可不予考虑,起决定作用的是电磁力。

当我们使物体发生形变的时候,物体中原子或分子之间的距离发生改变,原子或分子之间的电磁力要反抗物体发生形变,这就形成了我们通常所说的弹力。

完满地解释摩擦力很困难,至今还没有一种很好的理论,但是大家公认摩擦力也是电磁力的一种表现。

现代科学研究已深入到原子核内部,深入到研究质子、中子等微观粒子的相互作用。人们在这个领域又发现了两种基本的相互作用,分别叫作强相互作用和弱相互作用。

现在,人类认识到在自然界中存在四种基本相互作用:万有引力,电磁力,维持原子核的强相互作用,产生放射性衰变的弱相互作用。小到比原子还小的粒子,大到宇宙天体,其间表现出很不相同的多种多样的相互作用,都可以用少数几种基本的相互作用来说明,这是物理学的巨大胜利。20世纪最伟大的物理学家、相对论的创立者爱因斯坦,晚年试图把万有引力和电磁力统一起来。现在也有不少物理学家继续致力于这方面的研究,试图把四种相互作用统一起来,并且取得了一定的进展。物理学好像一座正在施工中的大厦,它已经建筑得很壮观了,但还没有竣工,可能永远也不会竣工。

复 习 题

一、选择题

1. 关于力,下述说法中正确的是(　　)。
   A. 因为力是物体对物体的作用,所以只有相互接触的物体间才有力的作用
   B. "风吹草动",草受到了力,但没有施力物体,说明没有施力物体的力也是存在的
   C. 力不一定总有受力物体,比如一个人用力向外推掌,用了很大力,但没有受力物体
   D. 力是不能离开施力和受力物体而独立存在的

2. 关于重力的说法正确的是(　　)。
   A. 重力就是地球对物体的吸引力
   B. 只有静止的物体才受到重力
   C. 做自由落体运动的物体不受重力
   D. 重力是由于物体受到地球的吸引而产生的力

3. 关于滑动摩擦力的方向,下列说法正确的是(　　)。
   A. 滑动摩擦力的方向跟物体的相对运动方向相同
   B. 滑动摩擦力的方向跟物体的相对运动方向相反
   C. 滑动摩擦力的方向跟物体的相对运动方向垂直
   D. 滑动摩擦力的方向跟物体的运动方向垂直

4. 关于静摩擦力的方向,下列说法正确的是(　　)。
   A. 静摩擦力的方向跟物体的相对运动趋势方向相同
   B. 静摩擦力的方向跟物体的相对运动趋势方向相反
   C. 静摩擦力的方向跟物体的相对运动趋势方向垂直
   D. 静摩擦力的方向跟物体所受的外力方向相同

5. 用手握着一只圆柱形杯子处于静止状态,当手握杯子的力增大时(　　)。
   A. 杯子所受的摩擦力增大　　B. 杯子所受的摩擦力不变
   C. 杯子所受的摩擦力减小　　D. 杯子所受的摩擦力始终为

零

6. 关于物体的重心，下列说法正确的是（　　）。

　　A. 任何物体的重心一定在这个物体上

　　B. 在物体上只有重心受到重力的作用

　　C. 质量分布均匀且形状规则的物体的重心在它的几何中心上

　　D. 在地球上不同地方，物体重心的位置不一样

7. 物体受有两个力，一个 20 N，一个是 12 N，则它们的合力不可能是（　　）。

　　A. 25 N　　　　B. 20 N　　　　C. 32 N　　　　D. 180 N

8. 物体以速度 v 沿光滑水平面向右运动，再冲上表面粗糙的斜面，物体在冲上斜面的过程中，受到的作用力为（　　）。

　　A. 重力、斜面的支持力、沿斜面向下的滑动摩擦力

　　B. 重力、沿斜面向上的冲力、沿斜面向下的摩擦力

　　C. 重力、沿斜面向上的冲力、斜面的支持力、沿斜面向下的滑动摩擦力

　　D. 重力、沿斜面向上的冲力

9. 关于摩擦力与弹力的关系，下列说法正确的有（　　）。

　　A. 有弹力一定有摩擦力　　　　B. 有摩擦力一定有弹力

　　C. 弹力和摩擦力的方向相同　　D. 弹力和摩擦力的方向相反

二、填空题

1. 物体的重力和质量的关系式是_____，重力的方向是_____。

2. 胡克定律的数学表达式为_____。（用 F 表示弹簧的弹力，x 表示弹簧伸长或缩短的长度，k 表示弹簧的劲度系数）

3. 重量为 220 N 的箱子放在水平地板上，至少要用 45 N 的水平推力，才能使它从原地开始运动。木箱从原地移动后，用 44 N 的水平推力，就可以使木箱继续做匀速运动。由此可知，木箱与地板之间的最大静摩擦力的大小是_____；木箱所受的滑动摩擦力的大小为_____，木箱与地板之间的动摩擦因数为_____。如果用 18 N 的水平推力推木箱，则木箱所受的摩擦力大小为_____。

4. 一根弹簧在弹性限度内，对其施加 20 N 的拉力时，弹簧伸长了 20 cm，

则该弹簧的劲度系数为_____ N/m。

5. 如图 3-25 所示,在水平面上向左做匀减速运动的物体,质量为 15 kg,它与水平面间的动摩擦因数为 0.2,则物体受到滑动摩擦力的大小为_____,方向为_____。($g=10$ N/kg)

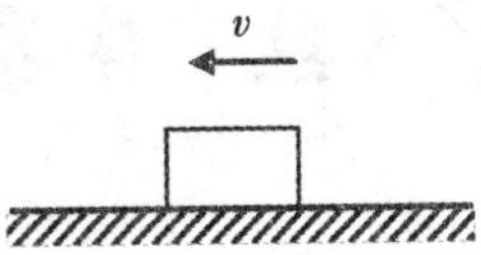

图 3-25

6. 三个共点力 F_1,F_2,F_3,其中 $F_1=1$ N,方向正西;$F_2=1$ N,方向正北,$F_3=2$ N,方向正东,则这三个力的合力大小是_____,方向是_____。

三、判断题

1. 如果没有限制,一个已知力可被分解成无数对大小和方向都不一样的分力。( )

2. 平行四边形定则是矢量合成的普遍法则。( )

3. 合力一定比分力大。( )

4. 力的分解遵循平行四边形定则,被分解的已知力是平行四边形的对角线。( )

5. 位移的合成也遵循平行四边形定则。( )

6. 滑动摩擦力的大小一定等于最大静摩擦力的大小。( )

7. 两个物体没有接触也会有弹力作用。( )

8. 重力和质量的关系式是 $G=mg$。( )

9. 滑动摩擦力的方向一定与运动方向垂直。( )

10. 两个物体没有接触也会有摩擦力作用。( )

四、计算题

1. 一根弹簧原长为 10 cm,现将一物体挂在该弹簧上,弹簧的长度变为 15 cm,已知该弹簧的劲度系数为 100 N/m,求该物体所受弹力的大小?

2. 在我国东北寒冷的冬季,雪橇是常见的运输工具。一个用钢制成的滑板雪橇,连同车上的木料的总重量为 3.2×10^4 N。在水平冰道上,马要在水平方向上用多大的力,才能拉着雪橇匀速前进?(已知钢与冰之间的动摩擦因数 μ 为 0.02)

第4章 牛顿运动定律

在前面我们分别学习了物体运动的描述和简单的受力情况,但是没有涉及二者之间的联系。物理学中,研究物体怎样运动是力学的一个分支,称为运动学。它仅仅研究物体的运动及其规律,而不涉及物体的运动原因;力学中研究运动和力的关系的分支称为动力学。

运动学是动力学的基础,但是只有掌握了动力学相关知识,才能根据物体的受力情况确定物体的位置和运动变化规律,才能控制物体的运动。牛顿运动定律解决了这一问题,确立了运动和力之间的联系。

本章主要学习牛顿第一定律、牛顿第二定律、牛顿第三定律以及牛顿运动三定律的简单应用。

§4.1 牛顿第一定律

认识误区 在17世纪以前,人类对运动的理解曾经有一个误区:放在地面上的物体,如果用力推动它,它就前进,停止用力,它就慢慢停下来,因此人们认为必须有力作用在物体上,物体才能运动,力是维持物体运动的原因。

伽利略的观点 到了17世纪,意大利物理学家伽利略根据理想实验进行推论,得出了正确的理论,才纠正了人们的观点。伽利略认为水平面上运动的物体之所以会停下来,是由于摩擦力的存在。例如,在水平地面上,给小球一个速度使它运动,由于摩擦力,小球最后停了下来;如果地面光滑一点,同样的初速度可以使小球滚动的远一点,可以猜想,如果地面绝对光滑,在没有摩擦力的情况下,小球可以以恒定的速度持续运动下去。这就表明力不是维持物体运动的原因。

据此,伽利略提出,力不是维持物体运动的原因,而是改变物体运动的原因。

牛顿第一定律 在伽利略等人的研究基础上,隔了一代人以后,牛顿根据自己的研究,系统的总结了力学的知识,提出了动力学的一条基本定律:**一切物体总保持静止状态或匀速直线运动状态,除非有力作用在物体上迫使它改变这种状态**。这就是**牛顿第一定律**。

图 4-1 冰壶是冬奥会的正式比赛项目,冰壶在冰面运动时受到的阻力很小,可以在较长时间内保持速度的大小和方向不变

因为自然界中完全不受力的物体根本不存在,所以说牛顿第一定律无法用实验直接验证,它是利用逻辑思维对事实进行分析的产物。但是生活中的一些现象可以帮助我们更好地理解牛顿第一定律。例如,冰壶在冰面运动时受到的阻力很小,所以它可以在较长时间内保持运动速度的大小和方向不变(如图 4-1 所示)。

从牛顿第一定律可以看出,物体都具有保持静止状态或匀速直线运动状态的性质,我们把物体的这种性质称之为**惯性**,所以牛顿第一定律又叫惯性定律。

惯性与质量 惯性是物体保持原来运动状态不变的性质。实验和观察表明,在受到相同作用力时,决定物体运动状态变化难易程度的唯一因素是物体的质量。因此,我们可以说质量是描述物体惯性的物理量,也就是说质量是决定物体惯性的唯一因素。这就表明,在比较两个物体惯性大小的时候,只需看它们质量之间的大小关系,而不需要考虑它们的受力情况、运动情况等其他因素。

质量只有大小,没有方向,它是标量。在国际单位制中,质量的单位是千克,符号是 kg。

 **练习一**

1. 力是_____物体运动状态的原因,而不是_____物体运动状

态的原因。

2. 一切物体总保持_____状态或_____状态,除非有力作用在物体上迫使它改变这种状态。这就是牛顿第一定律。

3. 决定物体惯性的物理量是_____,它只有_____而没有_____,它是标量。

4. 甲物体的质量为 1000 kg,乙物体的质量为 500 kg,关于甲、乙两物体惯性的大小,以下说法正确的是(　　)。

　　A. 甲、乙的惯性一样大　　　　B. 甲的惯性大

　　C. 乙的惯性大　　　　　　　　D. 无法判断

5. 有关惯性大小的下列叙述中,正确的是(　　)。

　　A. 物体跟接触面间的摩擦力越小,其惯性就越大

　　B. 物体所受的合力越大,其惯性就越大

　　C. 物体的质量越大,其惯性就越大

　　D. 物体的速度越大,其惯性就越大

6. 物理知识渗透于我们生活的方方面面。以下的安全警示语中涉及惯性知识的是(　　)。

　　A. 输电铁塔下挂有"严禁攀爬"

　　B. 汽车的尾部标有"保持车距"

　　C. 商场走廊过道标有"小心碰头"

　　D. 景区水池边立有"水深危险"

7. 下列事例中,属于避免惯性带来危害的是(　　)。

　　A. 拍打刚晒过的被子,灰尘脱落

　　B. 锤头松了,将锤柄在地面上撞击几下,锤头就紧套在锤柄上

　　C. 汽车在行驶时要保持一定的车距

　　D. 跳远时,助跑能使运动员跳得更远

8. 不受外力的物体总保持静止状态,这句话对吗?

9. 判断以下说法是否正确。

(1) 静止的物体一定不受其他外力的作用;

(2) 没有力的作用,物体是不会运动的;

(3) 只有静止的物体或者做匀速直线运动的物体才具有惯性;

(4) 做变速运动的物体没有惯性。

10. 物体以 2 m/s 的速度运动,假如运动时没有受到外力作用,10 s 后它的速度是多少?

§4.2 牛顿第二定律

力是物体产生加速度的原因　牛顿第一定律告诉我们,物体所受外力的合力为零时,物体速度不变,即没有产生加速度。当物体受到的外力的合力不为零时,它的速度将发生变化,就产生了加速度。由此可见,力是改变物体运动状态的原因,也就是物体产生加速度的原因。那么,物体的加速度受哪些因素的影响呢?

牛顿第二定律告诉我们的就是物体的加速度跟物体的质量以及物体所受外力的合力之间的关系。

加速度和力的关系　经验告诉我们,对于同一个物体,用不同大小的力推它,推力大时,它的速度增加得快,即加速度大;推力小时,它的速度增加得慢,即加速度小。由此可见,质量相同时,外力越大,加速度越大;反之,加速度越小。进一步实验可以证明:当保持物体质量不变时,加速度跟物体所受的合力成正比,即

$$a \propto F$$

加速度和质量的关系　另一类事实告诉我们,同样大小的力作用在不同的物体上,当物体质量小时,物体的速度增加得快,即物体的加速度大;当物体质量大时,物体的速度增加得慢,即物体的加速度小。如果两个物体以相同的速度运动,在相同的制动力作用下,质量小的物体会在较短的时间内停下来,速度减小得快,加速度大;质量大的物体会在较长的时间内停下来,速度减小得慢,加速度小。由此可见,当作用在物体上的合力不变时,物体的加速度跟物体的质量成反比,即

$$a \propto \frac{1}{m}$$

牛顿第二定律　综合以上可以得到物体的加速度跟力和质量的关系:**物体加速度的大小跟它受到的作用力的大小成正比、跟它的质量成反比,加速度的方向跟作用力的方向相同**。这就是**牛顿第二定律**。用公式可以表示为

$$a = \frac{F}{m} \text{ 或 } F = ma$$

在国际单位制中,力的单位是牛顿,简称牛,符号是 N;质量的单位是千克,符号是 kg;加速度的国际单位有两个,它们分别是牛/千克、米/秒²,符号分别是是 N/kg、m/s²,可以证明:1 N/kg=1 m/s²。

注意:

(1) 当物体同时受到几个力作用时,公式 $F=ma$ 中的 F 表示外力的合力,即

$$F_{合} = ma$$

(2) F,a,m 的单位分别是 N,m/s²(或 N/kg),kg,因为只有都用国际单位制,公式 $F=ma$ 才成立;

(3) a 和 F 的方向始终是一致的,a 和 F 的大小是瞬时对应关系。当合力恒定不变时,物体的加速度也恒定不变,物体做匀变速直线运动;如果合力的大小或者方向随时间变化,那么物体的加速度的大小或者方向也将随着时间变化,物体做变加速运动;在某一时刻,如果合力停止作用,物体的加速度也随之消失,物体由于惯性,将保持该时刻的运动状态不变,静止或者做匀速直线运动。

(4) 在上述研究过程中,我们用到了控制变量法。研究物体的加速度和它所受合力的关系时保持物体的质量不变,而研究物体的加速度和质量的关系时保持物体所受合力不变。像这样的研究方法我们称之为控制变量法,这是物理学习过程中研究某一个量和几个变量之间关系时经常会用到的一种重要方法。

【例题 1】 一辆卡车空载和满载时的质量分别是 4.0×10^3 kg 和 1.2×10^4 kg,若汽车发动机提供的牵引力恒定且大小为 1.2×10^3 N,忽略阻力,求该车空载和满载时的加速度。

分析与解答: 本题考查对牛顿第二定律的直接应用,卡车所受到的重力和支持力,这两个力为平衡力,作用效果相互抵消,根据牛顿第二定律 $F=ma$,已知力 F 和质量 m,很容易求出加速度 a。

由题意知:$F=1.2 \times 10^3$ N,$m_1 = 4.0 \times 10^3$ kg,$m_2=1.2 \times 10^4$ kg,根据牛顿第二定律变形得

$$a_1 = \frac{F}{m_1} = \frac{1.2 \times 10^3 \text{ N}}{4.0 \times 10^3 \text{ kg}} = 0.3 \text{ N/kg} = 0.3 \text{ m/s}^2$$

$$a_2 = \frac{F}{m_2} = \frac{1.2 \times 10^3 \text{ N}}{1.2 \times 10^4 \text{ kg}} = 0.1 \text{ N/kg} = 0.1 \text{ m/s}^2$$

即该车空载时的加速度为 0.3 m/s²,满载时的加速度为 0.1 m/s²。

【例题 2】 质量为 4.5×10^3 kg 的汽车启动时发动机的牵引力 $F = 3.9 \times 10^3$ N,汽车运动过程中受到的阻力 $f = 1.2 \times 10^3$ N,求汽车运动的加速度大小。

分析与解答: 汽车受到重力 G、支持力 N、牵引力 F 和阻力 f,如图 4-2 所示,其中竖直方向上重力与支持力互相平衡,所以汽车受到的合力为

$$F_合 = F - f = 3.9 \times 10^3 \text{ N} - 1.2 \times 10^3 \text{ N}$$
$$= 2.7 \times 10^3 \text{ N}$$

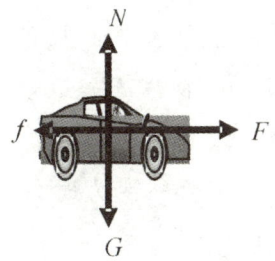

图 4-2 汽车运动时的受力情况

根据牛顿第二定律得

$$a = \frac{F_合}{m} = \frac{2.7 \times 10^3 \text{ N}}{4.5 \times 10^3 \text{ kg}} = 0.6 \text{ N/kg} = 0.6 \text{ m/s}^2$$

汽车运动的加速度为 0.6 m/s²。

 **练习二**

1. 物体的加速度的大小跟物体受到的_____成正比、跟它的质量成_____,加速度的方向跟_____方向相同。

2. 一个物体受到 $F_1 = 6$ N 的力,产生的加速度 $a_1 = 2$ m/s²,则物体的质量为_____,要使物体产生 $a_2 = 6$ m/s² 的加速度,则需要施加的力 $F_2 = $_____。

3. 对于做直线运动的物体,下列说法正确的有(　　)。

   A. 质量一定时,物体所受的合力越大,加速度越大

   B. 质量一定时,物体所受的合力越大,速度越大

   C. 物体的加速度越大,速度越大

   D. 合力一定时,物体的质量越大,加速度越大

4. 下列说法正确的有(　　)。

A. 因为 $a=\dfrac{F}{m}$，所以只要合力 F 大，物体加速度 a 也一定大

B. 因为 $a=\dfrac{F}{m}$，所以只要质量 m 大，物体加速度 a 一定小

C. 因为 $m=\dfrac{F}{a}$，所以物体的质量 m 由 F 和 a 决定

D. 在探索 F,a,m 三者关系时，要用控制变量法

5. 光滑水平面上有一个物体，质量为 5 kg，现对该物体施加一个 10 N 的水平恒力，物体开始运动，求物体的加速度以及该物体 5s 内通过的位移。

6. 做直线运动的物体，若已知它所受的合外力：(1) 为零时；(2) 为一恒力时；(3) 为一变力时，物体各会做什么运动？

§4.3 力学单位制

单位制 力学中的物理量有很多，我们到目前为止学过的有位移、路程、时间、速度、加速度、质量和力等。每一个物理量都有自己的单位，如位移和路程的单位是长度单位，有厘米、米、千米等，时间的单位有秒、分钟、小时等，速度的单位有米/秒、千米/时等，质量的单位有克、千克、吨等。这些单位之间往往是具有联系的，比如我们用公式 $v=\dfrac{x}{t}$ 计算物体的速度时，如果位移的单位用"米"，时间的单位用"秒"，则速度的单位一定是"米/秒"。可见，物理公式在确定物理量之间数量关系的同时也确定了物理量单位之间的关系。物理量的单位选取是很重要的。如果物理量的单位选取得当，可以使物理公式的形式最简单，从而减小运算的复杂程度。因此，对物理量的单位必须有所规定。我们通常是选取一些物理量作为 **基本量**，把它们的单位规定为 **基本单位**，其他的物理量的单位可以通过物理量之间的关系导出，这些单位叫作 **导出单位**。基本单位和导出单位一起组成了 **单位制**。

由于选取的基本单位不同，所以会存在多种单位制。中华人民共和国法定计量单位是以国际单位制为基础的。国际单位制，英文缩写为 SI。力学范围内，国际单位制规定长度、质量、时间为三个基本量，它们的单位米、千克、秒为基本单位。对于热学、电磁学、光学等学科，除了上述三个基本量和相应的

基本单位外,还需要加上另外的四个基本量和它们的基本单位(表 4-1),才能导出其他物理量的单位。

表 4-1 国际单位制中的基本量和基本单位

基本量名称	基本量符号	基本单位	基本单位符号
长度	l	米	m
质量	m	千克(公斤)	kg
时间	t	秒	s
电流	I	安(培)	A
热力学温度	T	开(尔文)	K
物质的量	$n, (v)$	摩(尔)	mol
发光强度	$I, (I_v)$	坎(德拉)	cd

单位制在物理计算中的应用 掌握单位制的基础知识,对物理计算是很重要的。在进行计算时,如果已知量都采用国际单位制表示,只要正确的应用物理公式进行计算,所得结果也必然是用国际单位制表示的。因此,我们约定在这种情况下,计算过程中可以将单位省略,等得出结果后,直接标出该物理量的国际单位制单位即可(上一节的例题 1 和例题 2 就是这样做的)。

【例题 1】光滑水平面上有一个静止的物体,如图 4-3 所示,质量是 2 kg,在 8 N 的水平恒力作用下开始运动,4 s 末物体的速度是多大?4 s 内通过的位移是多少?

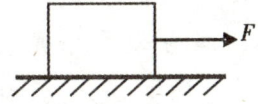

图 4-3 求物体通过的位移

分析:物体的受力情况是已知的,需要分析它的运动情况。物体原来是静止的,初速度 $v_0=0$。在竖直方向上它所受的重力与水平面的支持力平衡,只在水平恒力作用下产生恒定的加速度,所以它做初速度为 0 的匀加速直线运动。

已知物体的质量 m 和所受的合力 F,根据牛顿第二定律 $F=ma$ 求出加速度,再根据匀加速直线运动相关知识求出末速度和位移。

解:已知:$m=2$ kg,$F=8$ N,$t=4$ s,根据牛顿第二定律,则

$$a=\frac{F}{m}=\frac{8}{2} \text{ m/s}^2 = 4 \text{ m/s}^2$$

$$v=at=4\times 4 \text{ m/s}=16 \text{ m/s}$$

$$x=\frac{1}{2}at^2=\frac{1}{2}\times 4 \times 4^2 \text{ m}=32 \text{ m}$$

4 s 末物体的速度是 16 m/s,4 s 内通过的位移是 32 m。

【例题2】一个质量为 4.9×10^3 g 的静止物体,受到 9.8 N 的水平作用力,如果没有任何阻力,求经过 2 s,物体达到多大的速度?

分析:以这个物体为研究对象,物体的受力情况比较简单:在水平方向只受到 9.8 N 的作用力,在竖直方向上水平面的支持力与其所受重力平衡。根据其受力情况,利用牛顿第二定律求出加速度,再根据运动学公式求出 2 s 时的速度。还要注意单位的统一,即 $m=4.9\times10^3$ g $=4.9$ kg。

解:由牛顿第二定律 $F=ma$,可得

$$a=\frac{F}{m}=\frac{9.8}{4.9} \text{ m/s}^2 = 2 \text{ m/s}^2$$

由运动学公式 $v=at$,可得

$$v=at=2\times 2 \text{ m/s} = 4 \text{ m/s}$$

经过 2 s,物体的速度达到 4 m/s。

练习三

1. 物理学中的单位可以分为_____和_____,二者共同构成了单位制。

2. 在力学中,长度、质量、时间是基本量,它们的国际单位制中,长度的单位是_____,质量的单位是_____,时间的单位是_____。(填国际单位的符号)

3. 有下列物理量或单位,按下面的要求选择填空
   ① 密度 ② 米/秒 ③ 牛顿 ④ 加速度 ⑤ 质量 ⑥ 秒 ⑦ 厘米
   ⑧ 长度 ⑨ 时间 ⑩ 千克

   A. 属于物理量的有_____;
   B. 在国际单位制中,作为基本单位的物理量有_____;
   C. 在国际单位制中属于基本单位的有_____,属于导出单位的有_____。

4. 在公式 $F=ma$ 中,F,m,a 的单位正确的是(   )。
   A. N,kg,m   B. N,kg,m/s
   C. N,kg,m/s^2 D. N,kg,km/h

5. 下列国际单位制中的单位,不属于基本单位的是(   )。
   A. 长度的单位:m   B. 质量的单位:kg

C. 力的单位：N　　　　　　　D. 时间的单位：s

6. 一个原来静止的物体，质量是 200 g，在 0.2 N 的水平力作用下，1 s 内发生的位移是多少？

7. 一辆车以 10 m/s 的速度行驶，刹车制动后经 5 s 停了下来。已知汽车的质量为 4 t，汽车所受的制动力有多大？

§4.4　牛顿第三定律

作用力与反作用力　力是物体对物体的作用，或者可以说力是物体与物体之间的相互作用。只要谈到力，就一定存在着施力物体和受力物体。当甲物体对乙物体施加作用力时，乙物体也同时对甲物体施加作用力。

足球运动员用脚踢球时，同时感到球对脚的撞击力，如图 4-4 所示，脚踢球的力越大，球对脚的力也越大。用手拉弹簧时，手对弹簧有一个作用力，弹簧对手也有一个作用力。我们常说，地面上的物体受到地球的吸引力（重力），其实，地球同时也在受着地面上的物体的吸引力。由此可见，物体间力的作用是相互的。物体间相互作用的这一对力，通常叫作**作用力和反作用力**。作用力和反作用力总是相互依存、同时存在的。我们可以把其中任何一个力叫作作用力，另一个叫作反作用力。

图 4-4　运动员脚踢球时，同时能感到球对脚的撞击力

牛顿第三定律　牛顿从大量事实和实验中总结得出如下结论：**两个物体间的作用力和反作用力总是大小相等、方向相反，作用在同一条直线上。**这就是**牛顿第三定律**。

如果用 F 表示作用力，用 F' 表示反作用力，牛顿第三定律可以用公式表示为

$$F = -F'$$

上式中的负号表示作用力和反作用力的方向相反。

在使用牛顿第三定律分析问题时，须注意：

（1）作用力和反作用力总是同时成对出现，同时存在，同时消失，同时对等的变化；

（2）作用力和反作用力是同种性质的力，例如同为摩擦力或同为弹力等；

（3）作用力和反作用力总是分别作用在两个物体上，例如用手推车时，手对车的作用力作用在车上，车对手的反作用力则作用在手上。

牛顿第三定律广泛应用于生产、生活和科学技术中。人走路时用脚蹬地，脚对地产生一个向后的作用力，地面同时给脚一个向前的反作用力，使人向前运动；划艇比赛时，运动员通过桨叶向后划水，给水一个向后的作用力，水则给桨叶一个向前的反作用力，使划艇前进；我国多次使用长征系列火箭发射各种卫星，其基本原理是：火箭的燃料被点燃以后以巨大的力向后推出气体，喷出的气体同时给火箭一个反作用力，推动火箭前进。

在之前我们已经接触到了平衡力这一概念，平衡力和作用力与反作用力有着许多相同点和不同点（表 4-2），在学习过程中要注意区分。

表 4-2　一对作用力和反作用力与一对平衡力的相同点和不同点

比较项目		一对平衡力	一对作用力与反作用力
不同点		两个力作用在同一物体上	两个力分别作用在两个不同物体上
		两个力涉及三个物体	两个力涉及两物体
		可以求合力，且合力一定为零	不可以求合力
		两个力的性质不一定相同	两个力的性质一定相同
		两个力共同作用的效果是使物体平衡	两个力的效果分别表现在相互作用的两个物体上
		一个力的产生、变化、消失不一定影响另一个力	两个力一定同时产生、同时变化、同时消失
共同点		大小相等、方向相反、作用在一条直线上	

练习四

1. 力是_____的相互作用，物体间相互作用的这一对力，通常叫作_____和_____。

2. 两个物体之间的作用力和反作用总是_____，_____，作用在同一条直线上。这就是牛顿第三定律。

3. 如图 4-5 所示，一个人用力推着一辆质量为 20 kg 的小车前进，若人用

10 N 的力推着小车,而小车未动时,小车对人的作用力为_____;当人用 20 N 的力推着小车匀速前进时,小车对人的作用力为_____;当人用 30 N 的力推着小车加速前进时,小车对人的作用力为_____。

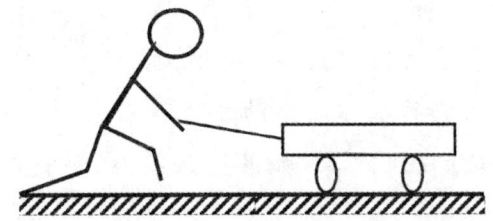

图 4-5 人推着小车前进

4. 关于两物体间的相互作用,下面说法正确的是(　　)。
   A. 马拉车不动,是因为马拉车的力小于车拉马的力
   B. 马拉车前进,是因为马拉车的力大于车拉马的力
   C. 马拉车不论动还是不动,马拉车的力的大小总等于车拉马的力的大小
   D. 马拉车不动或匀速前进时,才有马拉车的力与车拉马的力大小相等

5. 关于作用力与反作用力,下列说法不正确的是(　　)。
   A. 作用力和反作用力可以是接触力,也可以是非接触力
   B. 作用力和反作用力等大反向合力为零
   C. 作用力和反作用力都是同种性质的力,且同时产生,同时消失
   D. 作用力和反作用力作用在不同物体上,可产生不同的作用效果

6. 关于作用力与反作用力和一对平衡力的说法正确的是(　　)。
   A. 一对平衡力的合力为零,作用效果相互抵消,一对作用力与反作用力的合力也为零,作用效果也相互抵消
   B. 作用力与反作用力同时产生、同时变化、同时消失且性质相同,平衡力的性质却不一定相同
   C. 作用力和反作用力同时产生、同时变化、同时消失,一对平衡力也是如此
   D. 先有作用力,接着才有反作用力,一对平衡力却是同时作用在同一个物体上

7. 用牛顿第三定律判断下列说法是否正确。

(1) 人走路时,只有脚对地的反作用力大于脚蹬地的作用力时,人才能前进;

(2) 以卵击石,石头没有损伤而卵被击破了,是因为卵对石头的作用力小于石头对卵的作用力;

(3) 在冰上行走很吃力,是因为冰对脚不能产生足够大的反作用力;

(4) 一个作用力和它的反作用力的合力为零;

(5) 甲、乙两队进行拔河比赛,如果甲队获胜,则说明甲队对乙队的拉力大于乙队对甲队的拉力。

8. 试举出三对作用力与反作用力,并指出各自的受力物体。

§4.5　牛顿运动定律的应用

通过前面的学习,我们对牛顿运动定律已经有了初步的认识,牛顿第二定律把力和运动联系起来,牛顿第二定律的公式 $F=ma$ 是力学中最基本的公式,在实践中有着广泛的应用。

应用牛顿运动定律解决力学问题时,一般可以分为两类。

1. 已知物体的受力情况,求运动情况

知道物体的受力情况,求出合力,应用牛顿第二定律求出加速度。再根据题意,运用运动学公式就可以知道物体的运动情况,即可求出物体任意时刻的位置、速度以及运动轨迹。

2. 已知物体的运动情况,求受力情况

知道物体的运动情况,应用运动学公式求出物体的加速度,再应用牛顿第二定律求出物体的受力情况。

在运用牛顿第二定律分析解决力学问题时,一般按照以下步骤进行:

(1) 弄清题意,确定研究对象;

(2) 对物体进行受力分析或者运动分析;

(3) 根据牛顿第二定律或者运动学公式求出加速度;

(4) 根据牛顿第二定律求出未知力,或根据运动学公式求出物体的位移和速度;

（5）有时还要根据牛顿第三定律求出反作用力。

下面，我们通过举例说明应用牛顿运动定律分析问题、解决问题的思路和方法。

【例题 1】 质量为 20 kg 的物体，在 40 N 的水平拉力作用下，沿水平地面从静止开始运动。若动摩擦因数 $\mu=0.1$，求物体在 10 s 末的速度。

分析：这是一个已知受力情况求物体运动情况的问题。如图 4-6 所示，物体沿水平方向运动，竖直方向上重力和支持力平衡，合力沿水平方向，为水平拉力和摩擦力的合力，即

$$F_合 = F - f$$

其中

$$f = \mu F_N = \mu G = \mu mg$$

根据牛顿第二定律可求出加速度，再由运动学公式求出其速度。

解：对物体进行受力分析，如图 4-6 所示，摩擦力

$$f = \mu F_N = \mu G = \mu mg = 0.1 \times 20 \text{ kg} \times 10 \text{ m/s}^2 = 20 \text{ N}$$

$$F_合 = F - f = 40 \text{ N} - 20 \text{ N} = 20 \text{ N}$$

由牛顿第二定律，得

$$a = \frac{F_合}{m} = \frac{20}{20} \text{ m/s}^2 = 1 \text{ m/s}^2$$

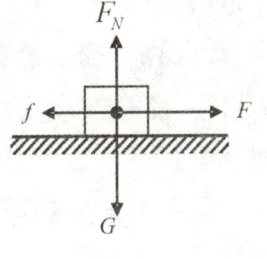

图 4-6

由运动学公式，得

$$v = at = 1 \text{ m/s}^2 \times 10 \text{ s} = 10 \text{ m/s}。$$

即物体在 10 s 末的速度为 10 m/s。

【例题 2】 质量是 2 kg 的小球，受到竖直向上的拉力 F 的作用后向上加速运动，小球的加速度 $a=2 \text{ m/s}^2$，求拉力 F 的大小。（g 取 10 m/s²）

分析：这是一个已知运动情况求受力情况的问题。本题的研究对象是小球，小球的受力情况如图 4-7 所示，由于小球在拉力 F 作用下向上加速运动，加速度已知，根据牛顿第二定律就可以求出小球所受合力，再根据受力情况，可求出拉力 F 的大小。

图 4-7

解：根据小球的运动情况，由牛顿第二定律，得

$$F_合 = ma = 2 \times 2 \text{ N} = 4 \text{ N}$$

对小球进行受力分析，得

$$F_合 = F - G$$

变形表示出

$$F = F_合 + G = 4\text{ N} + 20\text{ N} = 24\text{ N}$$

即拉力 F 大小为 24 N。

超重和失重　在学习了牛顿运动定律的应用之后,我们来看这样的情境。

【例题 3】 如图 4-8 所示,人的质量为 m,当电梯以加速度 a 加速上升时,人对地板的压力是多大?

分析： 人受到两个力:重力 G 和电梯地板的支持力 F。由于地板对人的支持力 F 与人对地板的压力 F' 是一对作用力和反作用力,根据牛顿第三定律,只要求出 F 就可以知道 F'。

电梯静止时,地板的支持力 F 与人所受的重力 G 相等,都等于 mg;当电梯加速运动时,这两个力还相等吗?

我们根据牛顿运动定律列出方程,找出几个力之间以及他们与加速度之间的关系,这个问题就解决了。

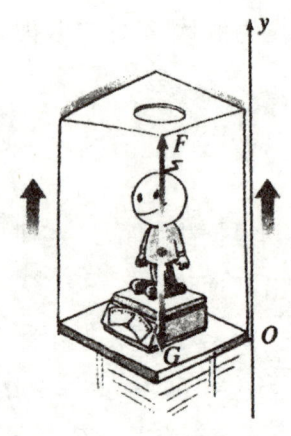

图 4-8　电梯启动、制动时体重计的读数会怎样变化?

解： 沿向上的方向建立坐标轴 Oy,根据牛顿第二定律写出关于支持力 F、重力 G、质量 m、加速度 a 的方程

$$F - G = ma$$

由此可得

$$F = G + ma = m(g + a)$$

人对电梯地板的压力 F' 与地板支持力 F 的大小相等,即

$$F' = m(g + a)$$

由于电梯加速上升,所以加速度向上,与坐标轴方向相同,a 是正值,所以 $m(g+a) > mg$,即人对电梯地板的压力比人受到的重力大。

物体对支持物的压力(或对悬挂物的拉力)大于物体所受重力的现象,称为**超重现象**。

反之,电梯加速下降(或减速上升)时,加速度向下,与坐标轴方向相反,a 是负值,所以

$$m(g+a)<mg$$

这时人对电梯地板的压力比人受到的重力小。

物体对支持物的压力(或对悬挂物的拉力)小于物体所受重力的现象称为**失重现象**。如果物体正好以大小等于 g 的加速度竖直下落,那么 $a=-g$,$m(g+a)=0$,这时物体对支持物、悬挂物完全没有作用力,这种状态是**完全失重状态**。

现在总结一下,物体失重的条件是物体具有向下的加速度;物体超重的条件是物体具有向上的加速度,而与物体的具体运动方向无关。

用动力学方法测质量

在动力学问题中,如果知道物体的受力情况和加速度,也可以测出物体的质量。下面是一个用动力学方法测定质量的有趣题目。

1966 年曾在地球上空完成了以牛顿第二定律为基础的测定质量的实验。实验时,用双子星号宇宙飞船 m_1,去接触正在轨道上运行的火箭组 m_2,接触以后,开动飞船尾部的推进器,使飞船和火箭组共同加速,如图 4-9 所示,推进器的平均推力 F 等于 895 N,推进器开动 7 s,测出飞船

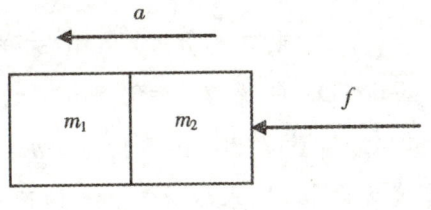

图 4-9 测质量 m_2

和火箭的速度改变是 0.91 m/s。已知双子星号宇宙飞船的质量 $m_1=3400$ kg。求火箭组的质量 m_2 是多大。

推进器的推力使宇宙飞船和火箭组产生的加速度

$$a=\frac{0.91 \text{ m/s}}{7 \text{ s}}=0.13 \text{ m/s}^2$$

根据牛顿第二定律,得 $F=ma=(m_1+m_2)a$

$$m_2=\frac{F}{a}-m_1=\left(\frac{895 \text{ N}}{0.13 \text{ m/s}^2}-3400 \text{ kg}\right)\approx 3500 \text{ kg}$$

实际上,火箭组的质量已经被独立的测出。实验的目的是要发展一种技术,找出测定轨道中人造卫星或其他物体未知质量的方法。已知测出火箭组的质量为 3660 kg,实验误差不大于 5%——正好在预期的误差范围之内。

 **练习五**

1. 物体在共点力作用下,下列说法中正确的是( )。

A. 物体的速度在某一时刻等于零时,物体就一定处于平衡状态

B. 物体相对另一物体保持静止时,物体一定处于平衡状态

C. 物体所受合外力为零时,就一定处于平衡状态

D. 物体做匀加速运动时,物体处于平衡状态

2. 一物体受到一个和它运动方向一致但大小逐渐变小的外力作用,则这个物体的(   )。

A. 速度越来越小

B. 加速度越来越小

C. 最后速度方向与原速度方向相反

D. 最后速度为零

3. 把木箱放在电梯地板上,则地板所受压力比木箱重力大的是(   )。

A. 电梯以 $a=1.5 \text{ m/s}^2$ 的加速度匀加速上升

B. 电梯以 $a=2.0 \text{ m/s}^2$ 的加速度匀减速上升

C. 电梯以 $a=1.8 \text{ m/s}^2$ 的加速度匀加速下降

D. 电梯以 $v=3.0 \text{ m/s}$ 的速度匀速上升

4. 质量是 200 g 的物体,初速度是 3 m/s,所受到的力是 4 N,力的方向跟速度方向相同,求物体 2 s 末的速度。

5. 以 10 m/s 的速度在水平路面上行驶的汽车,在关闭发动机后,经过 10 s 停了下来,汽车的质量是 4 t,求汽车所受的阻力。

6. 一个原来静止的物体,质量是 7 kg,在 14 N 的恒力作用下开始运动,则物体 5 s 末的速度及 5 s 内通过的位移为多少?

7. 静止在水平地面上的物体,质量是 2 kg,沿水平方向受到 6 N 的拉力,物体跟地面间的滑动摩擦力是 2 N,求物体在 5 s 内的位移。

本章知识小结

这一章学习了牛顿运动三大定律,它们是动力学的基础,指出了外力跟物体运动状态之间的关系,是分析各种运动现象的依据。

1. **牛顿第一定律** 一切物体总保持静止状态或匀速直线运动状态,除非有力作用在物体上迫使它改变这种状态。

物体具有的保持原来匀速直线运动状态或者静止状态的性质叫作**惯性**。

一切物体都具有惯性。惯性是物体本身的固有属性。质量是决定物体惯性的唯一因素。

力是改变物体运动状态的原因,而不是维持物体运动状态的原因。

2. **牛顿第二定律** 物体加速度的大小跟它受到的作用力成正比、跟它的质量成反比,加速度的方向跟作用力的方向相同。

牛顿第二定律的数学表达式:$F=ma$。(当物体同时受到几个力的作用时,式中的 F 表示这几个力的合力)

3. **力学单位制** 物理学中的单位可以分为基本单位和导出单位,二者共同构成了**单位制**。

计算中常常采用的单位制是国际单位制(英文缩写 SI),如果计算过程中,所有已知量的单位都是国际单位,那么在运算过程中,可省略单位不写,直接写出结果的国际单位即可。

4. **牛顿第三定律** 两个物体间的作用力和反作用力总是大小相等,方向相反,作用在同一条直线上。

物体间力的作用是相互的,我们把相互作用的两个力其中一个称之为作用力,另一个称之为反作用力,作用力和反作用力是同时存在的。作用力和反作用力分别作用在两个物体上,它们不是一对平衡力。

分析物体受力的过程中应该注意一对作用力和反作用力以及一对平衡力的区别和联系。

5. **运用牛顿运动定律解决问题** 牛顿运动定律确立了力和运动之间的相互联系,运用牛顿运动定律解决的问题可分为两类,一类是已知物体的受力情况,求运动情况;一类是已知物体的运动情况,求受力情况。

运用牛顿运动定律解题的一般步骤:

(1) 弄清题意,确定研究对象;

(2) 对研究对象进行受力分析和运动分析;

(3) 根据牛顿第二定律或者运动学公式求出加速度;

(4) 根据牛顿第二定律求出未知力,或根据运动学公式求出物体的位移和速度;

(5) 必要时,还要根据牛顿第三定律求出反作用力。

6. **超重和失重** 物体对支持物的压力(或对悬挂物的拉力)大于物体所受重力的现象称为**超重现象**。

物体对支持物的压力(或对悬挂物的拉力)小于物体所受重力的现象称为**失重现象**。

物体失重的条件是物体具有向下的加速度;物体超重的条件是物体具有向上的加速度,而与物体的运动方向无关。

7. **控制变量法** 本章在研究牛顿第二定律时,为了确定物体的加速度和物体受到的作用力、物体的加速度和物体的质量之间的关系,我们还用到了物理学中一种常用的研究方法——控制变量法。控制变量法是研究某一个量和几个变量之间关系的时候常用的重要研究方法。

伟大的物理学家——牛顿

"他是人类的真正骄傲,让我们为之欢呼吧!"

——摘自牛顿的墓志铭

"如果我之所见比笛卡儿等人要远一点,那只是因为我是站在巨人肩上的缘故"

——牛顿

牛顿是英国数学家、物理学家、天文学家。1643年1月4日(儒略历1642年12月25日)生于英格兰林肯郡的伍尔索普;1727年3月31日(儒略历1727年3月20)卒于伦敦。

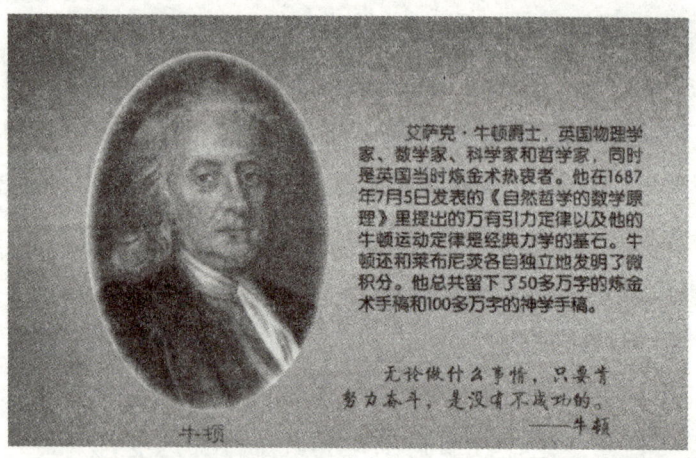

牛顿出身于农民家庭,幼年颇为不幸:他是一个遗腹子,又是早产儿,3岁时母亲改嫁,把他留给了外祖父母,从小过着贫困孤苦的生活。他在条件较差的地方学校接受了初等教育,中学时也没有显示出特殊的才华。1661年考入剑桥大学三一学院,由于家庭经济困难,学习期间还要从事一些勤杂劳动以减免学费。由于他学习勤奋,并有幸得到著名数学家巴罗教授的指导,认真钻研了伽利略、开普勒、笛卡尔、巴罗等人的著作,还做了不少实验,打下了坚实的基础,1665年获学士学位。

1665年，伦敦地区流行鼠疫，剑桥大学暂时关闭。牛顿回到伍尔索普，在乡村幽居的两年中，终日思考各种问题、探索大自然的奥秘。他平生三大发明，微积分、万有引力定律、光谱分析，都萌发于此，这时他年仅23岁。后来牛顿在追忆这段峥嵘的青春岁月时，深有感触地说："当年我正值发明创造能力最强的年华，比以后任何时期更专心致志于数学和科学。"并说："我的成功当归功于精密的思索。""没有大胆的猜想就做不出伟大的发现。"1667年，他回到剑桥攻读硕士学位，在获得学位后，成为三一学院的教师，并协助巴罗编写讲义，撰写微积分和光学论文。他的学术成就得到了巴罗的高度评价。例如，巴罗在1669年7月向皇家学会数学顾问柯林斯(Collins)推荐牛顿的《运用无穷多项方程的分析学》时，称牛顿为"卓越的天才。"巴罗还坦然宣称牛顿的学识已超过自己，并在1669年10月把"卢卡斯教授"的职位让给了牛顿，牛顿当时年仅26岁。

牛顿发现微积分，首先得助于他的老师巴罗，巴罗关于"微分三角形"的深刻思想，给他极大影响；另外费马作切线的方法和沃利斯的《无穷算术》也给了他很大启发。牛顿的微积分思想(流数术)最早出现在他1665年5月21日写的一页文件中。他的微积分理论主要体现在下述三部论著里。

《运用无穷多项方程的分析学》，在这一著作中他给出了求瞬时变化率的普遍方法，阐明了求变化率和求面积是两个互逆问题，从而揭示了微分与积分的联系，即沿用至今的所谓微积分的基本定理。当然，牛顿的论证在逻辑上是不够严密的。正如他所说："与其说是精确的证明，不如说是简短的说明。"他还应用这一方法得到许多曲面下的面积，并解决了一些能够表示成积分和式的其他问题。在1669年牛顿将这本专论印成小册子给朋友，直到1711年才正式出版。

《流数术和无穷级数》，在这一论著中，牛顿对他的微积分理论作了更加广泛而深入地说明，并在概念、计算技巧和应用各方面作了很大改进。例如，他改变了过去静止的观点，认为变量是由点、线、面连续运动而产生的。他把变量叫作"流"，把变量的变化率叫作"流数"，并引进了高阶流数的概念。他用更清晰准确的语言阐明了微积分的基本问题：一是，已知两个流 x 与 y 之间的关系，求它们的流数之间的关系；二是，已知流数，X' 与 Y' 之间的关系，求它们的流之间的关系，并指出，这是两个互逆的问题。该书中，牛顿还把流数法用于隐函数的微分，求函数的极值，求曲线的切线、长度、曲率和拐点，并给出了直角坐标和极坐标下的曲率半径公式，附了一张积分简表。这部著作完成于1671年，但却经历了半个多世纪直到1736年才正式出版。

《求曲边形的面积》，这是一篇可积分曲线的经典文献。这篇论文的一个主要目的是为澄清一些遭到非议的基本概念。牛顿试图排除由"无穷小"而造成的混乱局面。为此他把流数定义为"增量消逝"时获得的最终比和"初生增量"的最初比，尽管这种说法仍然是含糊其辞而有失严格，但把求极限的思想方法作为微积分的基础在这里已初露端倪。这篇论文写成于1676年，发表于1704年。

牛顿上述三个论著是微积分发展史上的重要里程碑，也为近代数学甚至近代科学的产生与发展开辟了新纪元。

牛顿的名著《自然哲学的数学原理》不仅首次以几何形式发表了流数术及其应用，更重要的是它完成了对日心地动说的力学解释，把开普勒的行星运动规律、伽利略的运动论和惠更斯的振动论等统一成为力学的三大定律。这部巨著1687年一问世，立刻被公认为人类智慧的最高结晶，哈雷赞誉它是"无与伦比的论著"。出版后不胫而走，很快被抢购一空，有人买不到，就用手抄写。这本书在社会上引起了强烈的反响，例如，过去许多人认为彗星是魔鬼的产物，它是预示将来要发生不祥事件的信号，《自然哲学的数学原理》出版之后，受过教育的人再也不相信这种鬼话了。

由于牛顿对科学做出了巨大的贡献，因而受到了人们的崇敬：1688年当选为国会议员，1689年被选为法国科学院院士，1703年当选为英国皇家学会会长，1705年被英国女王封为爵士。牛顿的研究工作为近代自然科学奠定四个重要基础：他创建的微积分，为近代数学奠定了基础；他的光谱分析，为近代光学奠定了基础；他发现的力学三大定律，为经典力学奠定了基础；他发现的万有引力定律，为近代天文学奠定了基础。1701年莱布尼兹说："纵观有史以来的全部数学，牛顿做了一半多的工作。"汤姆生(Thomson)说："牛顿的发现对英国及人类的贡献超过所有英国国王。"然而，即使像牛顿这样的伟大人物，也并非完美无缺。例如，由于他的一些学术成就或论著常常受到同时代一些科学家的争论或抨击，使他对争论简直厌恶到病态的程度，德摩根(De Morgan)说："一种病态的害怕别人反对的心理统治了他一生。"他的大部分著作都是在朋友们的劝告和坚决请求下才勉强整理出来的。晚年他在神学势力的影响下几乎完全放弃了科学而潜心于神学的研究，撰写了150万字的有关宗教、神学方面的文稿，其文字之晦涩、见解之荒谬、推理之混乱简直令人不敢相信它是出自一位大科学家之手。

牛顿临终时说："我不知道世人对我怎样看法，但是在我看来，我只不过像一个在海滨玩耍的孩子，偶尔很高兴地拾到几颗光滑美丽的石子或贝壳，但那浩瀚无涯的真理的大海，却还在我的前面未曾被我发现。"他还说："如果我之所见比笛卡儿等人要远一点，那只是因为我是站在巨人肩上的缘故。"

牛顿终生未娶。他死后安葬在威斯敏斯特大教堂之内，于英国的英雄们安葬在一起。当时的法国大文豪伏尔泰正在英国访问，他看到英国的大人物们都争抬牛顿的灵柩时感叹地评论说："英国有人悼念牛顿就像悼念一位造福于民的国王。"牛顿墓碑上的拉丁语墓志铭的最后一句是："他是人类的真正骄傲，让我们为之欢呼吧！"

复 习 题

一、选择题

1. 在公式 $F=ma$ 中，F,m,a 的单位正确的是（　　）。
   A. N,kg,m
   B. N,kg,m/s
   C. N,kg,m/s^2
   D. N,kg,km/h

2. 关于作用力和反作用力，以下说法正确的是（　　）。
   A. 这两个力作用在同一个物体上
   B. 这两个力是一对平衡力
   C. 先产生作用力，后产生反作用力
   D. 这两个力是同时存在的

3. 甲物体的质量为 1 000 kg，乙物体的质量为 500 kg，关于甲、乙两物体惯性的大小，以下说法正确的是（　　）。
   A. 甲、乙的惯性一样大
   B. 乙的惯性大
   C. 甲的惯性大
   D. 无法判断

4. 在下列运动中，牛顿运动定律不适用的是（　　）。
   A. 赛车在赛道上高速行驶
   B. 战斗机以 2 倍声速飞行
   C. 人造地球卫星绕地球运转
   D. 粒子接近光速的运动

5. 关于力和运动的关系，下列说法正确的是（　　）。
   A. 力是维持运动状态的原因
   B. 力是改变运动状态的原因
   C. 物体运动的速度大，所受作用力也一定大
   D. 物体速度为 0 时，所受合力也一定为 0

6. 下列说法正确的有（　　）。
   A. 因为 $a=\dfrac{F}{m}$，所以只要合力 F 大，物体加速度 a 也一定大
   B. 因为 $a=\dfrac{F}{m}$，所以只要质量 m 大，物体加速度 a 一定小
   C. 因为 $m=\dfrac{F}{a}$，所以物体的质量 m 由 F 和 a 决定
   D. 在探索 F,a,m 三者关系时，要用控制变量法

7. 关于惯性,下列说法正确的有(　　)。

　　A. 速度大的惯性大

　　B. 速度为 0 就没有惯性

　　C. 当物体有加速度时,物体速度变化,惯性消失

　　D. 有质量的物体就有惯性

8. 马拉着车前进时,马对车向前的拉力为 F_1,车对马向后的反作用力为 F_2,下列说法正确的有(　　)。

　　A. 当马拉车加速前进时:$F_1 > F_2$

　　B. 无论马车怎么运动,总有 $F_1 = F_2$

　　C. 因为 $F_1 = F_2$,所以车受的合力一定为 0

　　D. F_1 和 F_2 是一对平衡力

二、填空题

1. 平衡状态指物体处于静止状态或_____状态。物体处于平衡状态时,所受合力_____。

2. 物体加速度大小跟它受到的作用力成_____,跟它的_____成反比,加速度方向跟_____方向相同。

3. 在力学中,长度、质量、时间是基本量,在国际单位制中,长度的单位是_____,质量的单位是_____,时间的单位是_____。

4. 若物体的质量 m = 500 g,其加速度是 2 m/s²,则物体所受的合力 F = _____N。

5. 一个物体受 $F_1 = 4$ N 的力时,产生加速度 $a_1 = 2$ m/s²,则此物体的质量 m = _____ kg,当它受 $F_2 = 12$ N 的力时,加速度 a_2 = _____ m/s²。

三、判断题

1. 作用力和反作用力的作用效果可以抵消。(　　)

2. 质量 2 kg 的物体放在地面上,当受 F = 10 N 的向上拉力时,一定向上加速运动。(　　)

3. 一切物体都有惯性。(　　)

4. 加速度方向一定与合力方向相同。(　　)

5. 同一物体,当所受合力增加为原来的 2 倍时,加速度变为原来的一半。(　　)

6. 质量大的物体惯性也大。(　　)

7. 自由落体的物体只受重力作用。（　　）

8. 当物体处于月球上时，它不具有惯性。（　　）

四、计算题

1. 以 10 m/s 的速度在水平路面行驶的汽车，关闭发动机后经 5 s 停下来，求汽车所受的阻力为多大？（已知该汽车的质量为 2 t）

2. 光滑水平面上有一静止物体，质量为 5 kg，在 10 N 的水平恒力作用下开始运动，求 5 s 内通过的位移为多大？

3. 水平桌面上有一个静止的物体，如图 4-10 所示，质量是 5 kg，在 $F=9$ N 的水平恒力作用下开始运动，5 s 末的速度达到 5 m/s。求：(1) 5 s 内通过的位移是多少？(2) 物体受到的滑动摩擦力为多大？

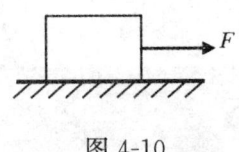

图 4-10

第5章 曲线运动

前面我们研究了物体做直线运动的情况,实际上物体的运动大多数是曲线运动。运动中的过山车,喷出的水流,发射出去的炮弹,转动的工件上的各点,绕地球运行的月球和人造地球卫星等,都是曲线运动的实例,如图 5-1 所示。

图 5-1 生活中的曲线运动

本章将着重研究平抛运动和匀速圆周运动这两种最简单、最基本的曲线运动,使我们对研究曲线运动的方法有一个基本的了解。

§5.1 曲线运动

物体做曲线运动的条件 在直线运动中,作用在物体上的合力总是跟物体运动的方向在一条直线上。如果物体所受力的方向与物体的运动方向成某一角度时,物体将怎样运动呢?如图 5-2 所示,从斜面上滚到桌面上的钢球,在没有磁铁的作用时,它将沿图中虚线做直线运动;如果在虚线的一侧放一块磁铁,钢球会因为受到与运动方向不一致的磁力吸引而做曲线运动。如图5-3所示,水平抛出的小球,由于重力与速度不在一条直线上,小球也做曲线运动。

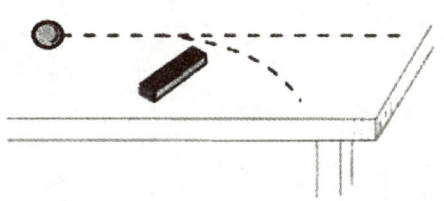
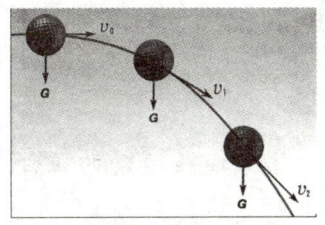

图 5-2　钢球在磁力作用下做曲线运动　　图 5-3　平抛小球的重力与速度成一定角度

由此可见，**物体受合力的方向与它的速度方向不在同一条直线上，是物体做曲线运动的条件**。沿水平方向抛出的石块，沿圆周轨道运动的卫星，都是由于受到与运动方向成一定角度的力的作用，才做曲线运动的。

曲线运动的速度方向　　物体做曲线运动时，它的运动方向时刻在变化着，那么，在曲线运动中各点的速度方向是怎样的呢？

如图 5-4 左图所示用砂轮磨削刀具或工件时，可以看到火花沿砂轮边缘的切线方向飞出；图 5-4 中图中链球运动员一开始让链球做圆周运动，松手后链球沿圆周的切线方向飞出。由此可以得出：**在曲线运动中，质点在某点的速度方向就是沿曲线在该点的切线方向**（指向质点前进的一侧）。图 5-4 右图中，物体沿曲线经 A、B、C、D 运动的过程中，v_A、v_B、v_C、v_D 是物体运动到 A、B、C、D 四点的速度方向，它们均沿各点的切线方向。因为曲线上各点切线方向不同，所以物体在各点的速度方向也不同，即做曲线运动的物体速度方向时刻改变。速度是矢量，速度方向的改变就意味着速度的改变，所以**曲线运动是变速运动**。

  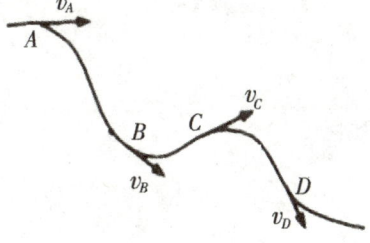

图 5-4　曲线运动的速度方向

练习一

1. 物体做曲线运动的条件是_____。
2. 质点做曲线运动时,在某点的速度方向就是_____。

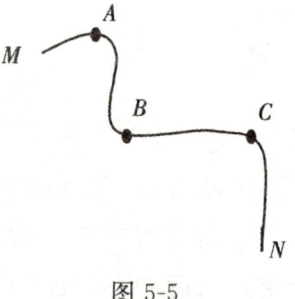

图 5-5

3. 曲线形滑梯如图 5-5 所示,人沿曲线从 M 运动到 N,试标出人从滑梯上滑下时在 A、B、C 各点的速度方向。

4. 下列说法中正确的是(　　)。
   A. 做曲线运动的物体的速度一定是变化的
   B. 做曲线运动的物体所受的合力可能为零
   C. 做曲线运动的物体的加速度一定是变化的
   D. 做曲线运动的物体的加速度一定是不变的

5. 物体做曲线运动时,其加速度(　　)。
   A. 一定不等于零　　　　B. 一定不变
   C. 一定改变　　　　　　D. 以上说法都不对

6. 做曲线运动的物体,下列物理量中一定发生变化的是(　　)。
   A. 速率　　　　　　　　B. 速度
   C. 加速度　　　　　　　D. 所受合外力

§5.2　平抛运动

如果只受重力作用,发射出的枪弹、炮弹和从地面抛出的物体在空中的运动,都是**抛体运动**。抛体运动开始时的速度叫作**初速度**。如果只受重力作用,沿水平方向抛出的物体在空中的运动,就叫作**平抛运动**。下面我们由平抛运动的演示实验引出运动的叠加原理,然后再研究平抛运动。

运动叠加原理　如图 5-6 左图所示的演示实验中,当小锤打击弹性金属片时,球 A 沿水平方向抛出,与此同时,球 B 自由下落(忽略空气阻力)。这样,A、B 两球在同一时刻开始运动。球 A 做平抛运动,它既在水平方向上运动,又在竖直方向上下落。球 B 只做自由落体运动。实验证明,A、B 两球同时落地。

如果用高速闪光照相的办法记录两球的运动过程(如图 5-6 右图所示),可以看出,这两个球在相同时刻处于同一水平位置,即经过相同的时间,做平抛运动的球 A 在竖直方向上下落的高度与做自由落体运动的球 B 下落的高度相同。这说明做平抛运动的物体在竖直方向上的运动与自由落体运动相同。仔细

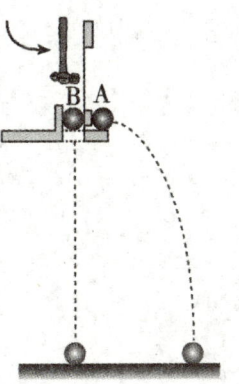

图 5-6　运动的叠加

测量平抛运动在水平方向上通过的距离可以发现,平抛运动在水平方向上的运动是匀速直线运动,它的速度就是物体被水平抛出时的速度。

上面的结果可以这样解释:如果物体不受重力,平抛物体将沿水平方向以被抛出时的速度做匀速直线运动;如果物体没有水平速度,只在重力作用下,它将沿竖直方向自由下落。现在物体既有水平速度,又受重力作用,那么它既参与水平方向的匀速直线运动,同时又参与竖直方向的自由落体运动,它的运动轨迹就是如图所示的曲线。所以,平抛运动可以看成是由水平方向的匀速直线运动和竖直方向的自由落体运动这两个分运动叠加而成的合运动。

由类似的大量事实可以得出:**一个运动可以看成是几个同时进行的各自独立的运动的叠加(合成),这个结论叫运动的叠加原理。**

根据运动的叠加原理和矢量合成的平行四边形定则,我们就可以根据分运动的情况求出合运动的情况,也可以根据合运动,求出分运动。

平抛运动的速度和位移　通过前面的分析知道,平抛运动可以看作是水平方向的匀速直线运动和竖直方向的自由落体运动的叠加。在竖直平面内建立 **xOy 平面直角坐标系,**并把物体被水平抛出的那一点作为坐标的原点 O(图 5-7),设水平初速度为 v_0,则物体在任意时刻 t 的水平速度 v_x 和竖直方向速度 v_y 的大小分别为

$$v_x = v_0$$

$$v_y = gt$$

它的合速度(即实际速度)v 的大小就是以 v_x、v_y 为邻边的平行四边形的

对角线。所以,实际速度的大小为

$$v=\sqrt{v_x^2+v_y^2}=\sqrt{v_0^2+g^2t^2}$$

合速度方向可以由图 5-7 中代表速度矢量的箭头与 x 轴正方向的夹角 α 来表示

$$\tan\alpha=\frac{v_y}{v_x}=\frac{gt}{v_0}$$

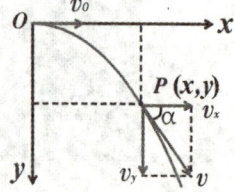 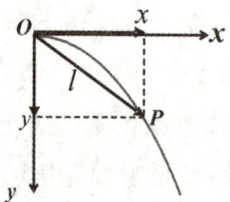

图 5-7　速度和它在 x、y 方向的分量　　图 5-8　位移和它在 x、y 方向的分量

物体在时间 t 内水平方向的位移 x 和竖直方向的位移 y 的大小分别为(如图 5-8 所示)

$$x=v_0t$$
$$y=\frac{1}{2}gt^2$$

它的实际位移 l 的大小就是以 x、y 为邻边的平行四边形的对角线。

根据平抛运动中 y 与 x 的关系,可知平抛运动的轨迹是一条抛物线。

图 5-9　飞机投弹

【例题】如图 5-9 所示,飞机离地面 810 m 高,以 250 km/h 的速度水平飞行,应该在离轰炸目标的水平距离多远处投弹,才能击中地面目标。($g=10$ m/s²)

解:已知 $H=810$ m,$v_0=250$ km/h$=69.4$ m/s,

由 $H=\frac{1}{2}gt^2$ 和 $l=v_0t$ 得 $l=v_0\sqrt{\frac{2H}{g}}$,

代入数值,求得 $l=892$ m,

即飞机需要在距离轰炸目标水平距离 892 m 时投弹,才能击中目标。

练习二

1. 以水平初速度 v_0 抛出一小球,小球在空中运动时间为 t(忽略空气阻力,重力加速度为 g),请回答下列四题:

(1) 小球在水平方向的分速度 $v_x=$ _____ ;

(2) 小球在竖直方向的分速度 $v_y=$ _____ ;

(3) 小球在水平方向的分位移 $x=$ _____ ;

(4) 小球在竖直方向的分位移 $y=$ _____ 。

2. 在平面直角坐标系中,物体从原点出发,经过 3 s,物体的坐标为 (3,4),则 3 s 内物体的位移的大小为 _____ m。

3. 平抛运动可以看成是水平方向上的 _____ 运动和竖直方向上的自由落体运动的合运动。

4. 一物体做曲线运动,某时刻其在水平方向的分速度为 6 m/s,竖直方向的分速度为 8 m/s,则其在此刻速度大小为( )。

A. 9 m/s   B. 10 m/s   C. 11 m/s   D. 12 m/s

5. 从一定高度水平抛出的物体,它在空中飞行的时间由( )决定,抛射的水平距离由( )决定,从下面给出的答案中选出正确的答案来。

A. 初速度   B. 初速度和高度   C. 高度

6. 在同一高度同一时刻,A 球被水平抛出,B 球自由下落。则下列说法中错误的是( )。

A. A、B 两球同时落地

B. 下落过程中 A、B 两球所处高度总相同

C. A、B 两球落地时速度大小相同

D. A 球在竖直方向的运动情况与自由落体运动相同

7. 从距地面 1.8 m 高的地方水平射出一颗子弹,初速度是 700 m/s。求子弹通过的水平距离。(g 取 10 m/s^2,不计空气阻力)

§5.3 匀速圆周运动

物体沿圆周运动也是常见的曲线运动,例如,如图 5-10 所示,钟表指针上各点(轴上点除外)以不同的半径绕轴做圆周运动;蒸汽机转轮上各点也在做圆周运动;月球也可近似看作围绕地球做圆周运动等。

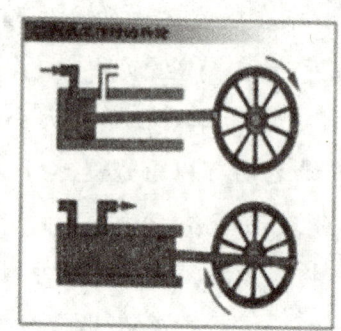

图 5-10

匀速圆周运动　如果质点沿圆周运动的快慢不变,即在任意相等的时间内所通过的弧长都相等,这种运动叫作**匀速圆周运动**。

质点做匀速圆周运动时,每经过一定的时间,质点就沿圆周运动一圈,即每经过一定的时间,质点运动重复一次。这样的运动是一种周期性运动。

下面介绍几个描述圆周运动的物理量。

周期　质点沿圆周运动一周所需的时间叫作周期。常用字母 T 来表示,T 越大,表示旋转得越慢,在国际单位制中它的单位是秒,符号是 s。

转速　质点在单位时间内沿圆周运动的周数称作**转速**。转速常用字母 n 表示。在国际单位制中,它的单位是**转每秒**(r/s),或**转每分**(r/min)。转速和周期的关系是

$$n=\frac{1}{T}$$

角速度　质点沿圆周旋转的快慢还可以用角速度来描述。如图5-11所示,沿圆周运动的质点在时间 t 内由点 A 运动到点 B,连接质点和圆心的半径 r 绕圆心转过的角度 θ。显然,质点旋转得越快,在单位时间内半径转过的角

度也越大。因此，用单位时间连接质点和圆心的半径所转过的角度，也可以表示质点沿圆周旋转的快慢。

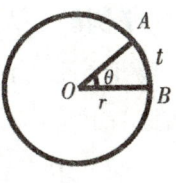

在匀速圆周运动中，连接质点和圆心的半径转过的角度（θ）与所用时间（t）的比值，叫作匀速圆周运动的**角速度**，常用字母 ω 表示，即

图 5-11

$$\omega = \frac{\theta}{t}$$

显然，在匀速圆周运动中，ω 是一个恒量。在国际单位制中，角度的单位是弧度，时间的单位是秒，角速度的单位是**弧度每秒**，符号是 rad/s。

因为质点在一周内转过的角度为 2π，转动一周的时间是一个周期，所以

$$\omega = \frac{2\pi}{T}$$

线速度　为了和角速度相区别，质点做圆周运动的速度通常叫作线速度。显然，做匀速圆周运动的质点，在圆周上任一点的线速度方向就是过该点的切线方向。线速度的大小等于匀速圆周运动的物体通过的弧长（s）与所用时间（t）的比值，即

$$v = \frac{s}{t}$$

如果圆半径为 r，则质点在一个周期 T 的时间内通过的弧长 $s = 2\pi r$。因此，匀速圆周运动中线速度的大小为

$$v = \frac{2\pi r}{T}$$

线速度是描述质点做圆周运动的快慢和方向的物理量。因为圆周运动中线速度的方向时刻改变，所以匀速圆周运动是变速运动。如图 5-12 所示，质点在 A 点时的线速度 v_A 与过 A 点的半径 OA 垂直，质点在 B 点时的线速度 v_B 与过 B 点的半径 OB 垂直，v_A、v_B 大小相等但方向不同，即速度发生了变化。

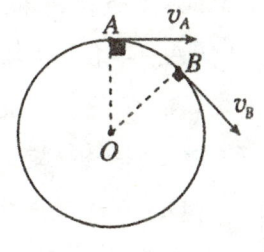

图 5-12

线速度的大小和角速度的关系是

$$v = \omega r$$

在直线运动中，用速度描述运动的快慢。在匀速圆周运动中，除线速度外，还可用周期、转速、角速度来描述运动的快慢。

【例题】 人造地球卫星绕地球的运动可近似地看作匀速圆周运动。若卫星离地高度为 9×10^5 m,绕地球一周的时间是 100 min,求卫星运动的角速度和线速度的大小(设地球半径为 6.4×10^6 m)。

解: 卫星做匀速圆周运动的半径等于地球的半径加上卫星距地面的高度,即

$$r = (6.4 \times 10^6 + 9 \times 10^5) \text{ m} = 7.3 \times 10^6 \text{ m}$$

它的周期

$$T = 100 \text{ min} = 6.0 \times 10^3 \text{ s}$$

由公式 $\omega = 2\pi/T$ 和 $v = \omega r$,代入数值得

$$\omega = \frac{2\pi}{T} = \frac{2 \times 3.14}{6.0 \times 10^3} \text{ rad/s} = 1.05 \times 10^{-3} \text{ rad/s}$$

$$v = \omega r = 1.05 \times 10^{-3} \text{ rad/s} \times 7.3 \times 10^6 \text{ m} \approx 7.7 \times 10^3 \text{ m/s}$$

练习三

1. 一圆的周长为 420 m,一人骑自行车以恒定的速率沿着圆周运动,1 min 骑一圈,则自行车的线速度大小是 _____ m/s。

2. 一物体做匀速圆周运动,在 3 s 内转过的角度是 270°,则该物体的角速度为 _____ rad/s。

3. 在圆周运动中,线速度和角速度的关系可以表示为 _____。

4. 匀速圆周运动的周期和角速度的关系可以表示为 _____。

5. 关于线速度和角速度的关系,以下说法正确的是( )。

　　A. 半径一定时,角速度和线速度成反比

　　B. 线速度一定时,角速度和半径成正比

　　C. 半径一定时,角速度和线速度成正比

　　D. 角速度一定时,线速度和半径成反比

6. 质点做匀速圆周运动时,不断变化的物理量是( )。

　　A. 速率　　　B. 速度　　　C. 角速度　　　D. 周期

7. 正常走动的钟表,其时针和分针都在做匀速转动,下列关系中正确的有( )。

　　A. 时针和分针角速度相同

　　B. 分针的角速度是时针角速度的 12 倍

C. 时针和分针的周期相同

D. 分针的周期是时针周期的 12 倍

8. 直径是 1.50 m 的飞轮,每分钟转 120 周,试计算在轮边上一质点的线速度的大小。

§5.4 向心加速度和向心力

通过前面的学习知道,匀速圆周运动速度的方向时刻在改变并作周期性变化,它有加速度,所受合力也不会为零。匀速圆周运动的加速度、所受合力有什么特点? 这是我们下面要研究的内容。

向心加速度 圆周运动,即使是匀速圆周运动,由于运动方向在不断变化,所以也是变速运动。既然是变速运动,就必然有加速度。如图 5-13 左图所示,在绳子的一端拴一个小球,使小球在光滑水平面上做匀速圆周运动,这时小球就受到绳子对它的拉力,这个拉力的方向总跟线速度的方向垂直,并指向圆心。可见,物体要做匀速圆周运动,它所受的合力必须指向圆心,那么由合力产生的加速度也指向圆心,我们称为**向心加速度**。即**任何做匀速圆周运动物体的加速度都指向圆心**。在图 5-13 右图中,手抡绳子的一端使另一端的轻小物体(忽略物体重力)在水平面内做匀速圆周运动,合力的方向沿绳指向圆心,加速度的方向也指向圆心。

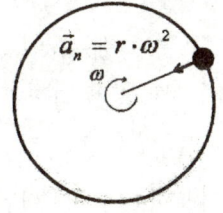 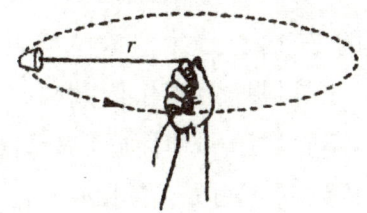

图 5-13 匀速圆周运动的加速度指向圆心

进一步的分析表明,利用 $a=\dfrac{\Delta v}{\Delta t}$ 可以导出向心加速度大小的公式为

$$a_n = \dfrac{v^2}{r}$$

把 $v=\omega r$ 代入上式,可以得到用角速度表示的向心加速度大小的公式为

$$a_n = \omega^2 r$$

向心加速度和直线运动中的加速度本质是一样的,只不过在匀变速直线运动中,加速度是因为速度大小的变化而引起的,而匀速圆周运动中,速度的大小不变,加速度是由速度方向的变化而引起的。

向心力 做圆周运动的物体为什么不沿直线飞出而沿着一个圆周运动?那是因为它受到了力的作用。用手抡一个被绳系着的物体,它能做圆周运动,是因为绳子的力在拉着它。月球绕地球转动,是地球对月球的引力在"拉"着它。

做匀速圆周运动的物体具有向心加速度。根据牛顿第二定律,产生向心加速度的原因一定是物体受到了指向圆心的合力,这个合力叫作**向心力**。

把向心加速度的公式代入牛顿第二定律,可得向心力 F_n 的表达式

$$F_n = m\frac{v^2}{r}$$

或者

$$F_n = m\omega^2 r$$

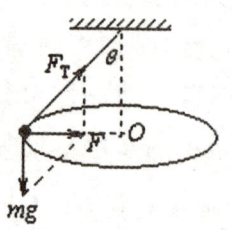
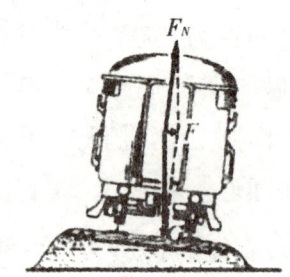
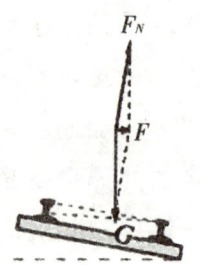

图 5-14 圆锥摆的向心力来源　　图 5-15 火车转弯时向心力来源

应该强调的是,向心力并不是像重力、弹力、摩擦力那样根据该力具有某种性质命名的,它是根据力的作用效果来命名的。凡是做匀速圆周运动的物体所受的合力,不管属于哪种性质,都是向心力。我们应该根据物体具体的受力情况进行分析判断。例如,在水平面内做匀速圆周运动的圆锥摆,拉力 F_T 和重力 mg 的合力就是圆锥摆的向心力,如图5-14所示。火车转弯,当外轨高于内轨时,重力 G 和支持力 F_N 的合力是使火车转弯的向心力,如图 5-15 所示。

【例题】一质量为 m 的物体,沿半径为 R 的圆形向下凹的轨道滑行,如图 5-16 所示,经过最低点时的速度为 v,则物体滑到最低点时轨道对它支持力是多大?

解：物体在圆形轨道最低点时，轨道支持力 F_N 和重力 mg 的合力提供向心力，选指向圆心的方向为正方向，则有

$$F_N - mg = m\frac{v^2}{R}$$

所以
$$F_N = mg + m\frac{v^2}{R}$$

物体滑到最低点时轨道对它的支持力的大小为 $mg + m\dfrac{v^2}{R}$。

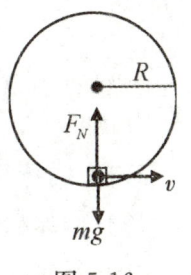

图 5-16

练习四

1. 向心加速度大小的表达式 $a_n =$ _____ 或者 $a_n =$ _____。

2. 向心力的单位是（　　）。
   A. 牛顿（N）　　　　　　B. 千克（kg）
   C. 米（m）　　　　　　　D. 伏特（V）

3. 下列物理量中，与物体圆周运动时所受向心力大小无关的是（　　）。
   A. 质量（m）　　　　　　B. 半径（r）
   C. 角速度（ω）　　　　D. 时间（t）

4. 用细线系一小球使其在竖直面内做圆周运动，当小球到达圆周最高点时，其受力情况是（　　）。
   A. 受重力、绳的拉力和向心力　　B. 可能只受重力
   C. 可能只受拉力　　　　　　　　D. 所受合力可能为零

5. 电动机每分钟旋转 3 000 转。它的转动轮上距转轴 10 cm 的地方附有一个质量为 2 g 的质点。试求：(1)该质点的线速度的大小；(2)该质点的向心加速度的大小；(3)该质点所需的向心力的大小。

6. 质量为 2.0×10^3 kg 的汽车在水平公路上行驶，轮胎与地面间的最大静摩擦力为 1.4×10^4 N。汽车经过半径是 50 m 的弯路时，如果车速达到 72 km/h，这辆车会不会发生侧滑？

本章知识小结

1. 曲线运动

（1）物体做曲线运动的条件是合力与运动方向不在一条直线上。

（2）曲线运动的速度方向就是沿曲线在该点的切线方向。曲线运动是变速运动。

2. 平抛运动

（1）平抛运动的特点：初速度是水平方向，且只受重力作用。

（2）运动的叠加原理：一个运动可以看成是几个同时进行的独立运动的叠加。

（3）平抛运动可以看成是水平方向的匀速直线运动与竖直方向的自由落体运动的叠加。

平抛运动的分速度公式

$$v_x = v_0$$
$$v_y = gt$$

平抛运动的分位移公式

$$x = v_0 t$$
$$y = \frac{1}{2} g t^2$$

3. 匀速圆周运动

（1）质点做匀速圆周运动的周期性：用周期 T 和转速 n 描述。

（2）质点绕圆心转动的快慢：用角速度 ω 描述。

（3）质点沿圆周运动的快慢：用线速度 v 描述。

$$\omega = \frac{2\pi}{T}$$
$$v = \omega r$$

4. 向心加速度

匀速圆周运动的加速度指向圆心，这个加速度就是向心加速度。它的大小为

$$a_n = \frac{v^2}{r}$$

或者
$$a_n = \omega^2 r$$

5. 向心力

做匀速圆周运动物体所受的合力指向圆心,这个合力提供物体做匀速圆周运动的向心力。向心力的大小为

$$F_n = m \frac{v^2}{r}$$

或者

$$F_n = m\omega^2 r$$

离心运动

一、定义

做匀速圆周运动的物体,在合外力突然消失或者合外力不足以提供所需的向心力时,将做逐渐远离圆心的运动,此种运动叫"离心运动"。物体做离心运动的轨迹可能为直线或曲线。半径不变时物体作圆周运动所需的向心力,是与角速度的平方(或线速度的平方)成正比的,公式为向心力＝物体的质量×线速度的平方/半径(或物体的质量×角速度的平方×半径)。若物体的角速度(或线速度)的大小增加了,而向心力没有相应地增大,此时,向心力已不足以维持物体继续做匀速圆周运动,物体到圆心的距离就不能维持不变,而要逐渐增大使物体沿螺线远离圆心。若物体所受的向心力突然消失,即将沿着切线方向远离圆心而去。

二、特点

1. 做圆周运动的质点,当合外力消失时,它就以这一时刻的线速度沿切线方向飞去(如图 5-17 中 $F=0$ 的情形)。

2. 做离心运动的质点是做半径越来越大的运动或切线方向飞出的运动,它不是沿半径方向飞出(如图 5-17 中 $F<m\omega^2 r$ 的情形)。

3. 做离心运动的质点不存在所谓的"离心力"作用,因为没有任何物体提供这种力。

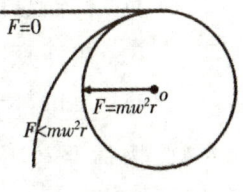

图 5-17

三、本质

1. 离心现象是惯性的表现。

2. 离心运动并非沿半径方向飞出去的运动,而是运动的半径变大,或沿切线方向飞出。

3. 离心运动并不是受到离心力的作用,而是向心力不足。

四、应用

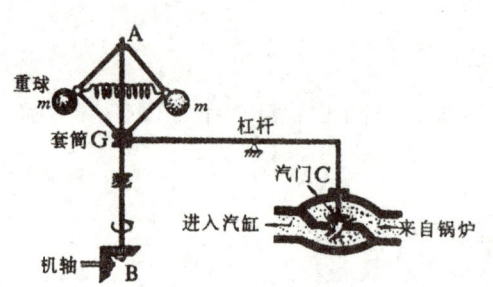
图 5-18　离心节速器

图 5-19　离心式水泵

人们利用离心运动的原理制成的机械,称为离心机械。例如离心分液器、离心节速器(如图 5-18 所示)、离心式水泵(如图 5-19 所示)、离心球磨机等都是利用离心运动的原理。当然离心运动也是有害的,应设法防止。例如砂轮的转速若超过规定的最大转速,砂轮的各部分将因离心运动而破碎。又如火车转弯时,若速度太大会因倾斜的路面和铁轨提供给它的向心力不足以维持它作圆周运动,就会因离心运动而造成出轨事故。

复 习 题

一、选择题

1. 某质点做曲线运动时,下列说法不正确的是(　　)。

　　A. 在某一点的速度方向就是沿曲线在这一点的切线方向

　　B. 在任意时间内位移的大小总是大于路程

　　C. 在任意时刻质点受到的合力不可能为零

　　D. 速度的方向与合力的方向必不在同一直线上

2. 物体受到几个外力的作用而做匀速直线运动,如果撤掉其中的一个力,它不可能做(　　)。

　　A. 匀速直线运动　　　　　　　　B. 匀加速直线运动

　　C. 匀减速直线运动　　　　　　　　D. 匀变速曲线运动

3. 在曲线运动中下列说法正确的是(　　)。

　　A. 加速度方向与运动方向一致

　　B. 加速度与位移方向相同

　　C. 加速度与速度方向垂直

D. 加速度方向与运动方向不在同一条直线上

4. 从正在匀速飞行的飞机上落下一个重物,下列说法正确的是( )。

　　A. 飞机上的人以飞机作参考系,看到重物几乎是沿直线下落的

　　B. 飞机上的人以飞机作参考系,看到重物是沿着曲线下落的

　　C. 地面上的人以地面作参考系,看到重物几乎是沿直线下落的

　　D. 地面上的人以地面作参考系,看到重物是沿水平方向匀速前进

5. 关于物体做匀速圆周运动的说法正确的是( )。

　　A. 速度大小和方向都改变

　　B. 速度的大小和方向都不变

　　C. 速度的大小改变,方向不变

　　D. 速度的大小不变,方向改变

6. 对于匀速圆周运动的物体,下列说法中错误的是( )。

　　A. 线速度不变　　　　　　　　B. 角速度不变

　　C. 周期不变　　　　　　　　　D. 转速不变

7. 关于向心力的说法中,正确的是( )。

　　A. 物体由于做圆周运动而产生了一个向心力

　　B. 向心力不改变圆周运动物体的速度

　　C. 做匀速圆周运动的物体其向心力即为其所受的合外力

　　D. 做匀速圆周运动的物体其向心力是不变的

8. 在水平路面上转弯的汽车,向心力来源于( )。

　　A. 重力与支持力的合力　　　　B. 滑动摩擦力

　　C. 重力与摩擦力的合力　　　　D. 静摩擦力

9. 关于做匀速圆周运动的物体的向心加速度,下列说法正确的是( )。

　　A. 向心加速度的大小和方向都不变

　　B. 向心加速度的大小和方向都不断变化

　　C. 向心加速度的大小不变,方向不断变化

　　D. 向心加速度的大小不断变化,方向不变

10. 关于做匀速圆周运动的物体的线速度、角速度和周期的关系,下面说法中正确的是( )。

　　A. 角速度大的周期一定大　　　B. 角速度大的周期一定小

C. 线速度大的角速度一定大　　　　D. 线速度大的周期一定小

二、填空题

1. 将物体以一定的初速度沿_____方向抛出,物体只在_____作用下(不考虑空气阻力)所做的运动,叫作平抛运动。

2. 平抛运动的水平方向的分运动遵循_____规律,分速度大小 $v_x=$_____,分位移大小 $x=$_____;平抛运动的竖直方向的分运动遵循_____规律,分速度大小 $v_y=$_____,分位移大小为 $y=$_____。

3. 物体做平抛运动的飞行时间由_____决定,水平位移由_____决定,平抛运动是一种_____曲线运动。

4. 质点沿圆周运动,如果_____,这种运动就叫作匀速圆周运动。

5. 圆周运动的线速度就是它的瞬时速度。匀速圆周运动线速度的大小等于做匀速圆周运动的物体通过的_____和_____的比值,即 $v=$_____,它的方向沿圆周的_____,其国际单位是_____。

6. 连接运动物体和圆心的半径转过的_____和_____的比值,叫作匀速圆周运动的角速度,即 $\omega=$_____。角速度的国际单位是_____,符号为_____。匀速圆周运动的角速度_____(选填"变化"或"不变")。

7. 做匀速圆周运动的物体_____叫作周期,周期用符号_____表示,其国际单位是_____。

8. 做匀速圆周运动的物体每秒转过的圈数叫_____,用 n 表示,其国际单位为_____,符号为 r/s。

9. 做匀速圆周运动的物体,10 s 内沿半径为 20 m 的圆周运动了 100 m,则其线速度为_____,角速度为_____,周期为_____。

三、判断题

1. 不受外力作用,物体也能做曲线运动。(　　)

2. 平抛运动物体的水平射程与初速度和抛出点的高度都有关系。(　　)

3. 质点做匀速圆周运动时,角速度越大,周期越小。(　　)

4. 做匀速圆周运动的物体的向心力是不变的,是恒力。(　　)

5. 物体做匀速圆周运动时,加速度方向是沿轨迹的切线方向。( )

6. 物体做匀速圆周运动时,线速度的大小和角速度的关系是 $v=\omega r$。( )

四、计算题

1. 以 20 m/s 的初速度将一物体由足够高的某处水平抛出,当它的竖直速度跟水平速度相等时,需要经过多长时间?(g 取 10 m/s^2)

2. 如图 5-20 所示,质量 $m=0.1$ kg 的小球在细绳的拉力作用下在竖直面内做半径为 $r=0.2$ m 的圆周运动,已知小球在最高点的速率为 $v=2$ m/s,g 取 10 m/s^2,试求:小球在最高点时的细绳的拉力 T 为多少。

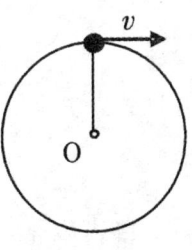

图 5-20

第6章 万有引力定律

自古以来,当人们仰望星空时,天空壮丽璀璨的景象便吸引人们的注意。智慧的头脑开始探索星体的秘密。到了十七世纪,牛顿以他伟大的工作把天空中的现象与地面现象统一起来,成功地解释了天体运行的规律。时至今日,数千颗人造卫星正在按照万有引力定律为它"设定"的轨道绕地球运转着。牛顿发现的万有引力定律取得如此辉煌的成就,以至于阿波罗8号宇宙飞船从月球返航的过程中,当地面控制中心问及"是谁在驾驶"的时候,指令长这样回答:"我想现在是牛顿在驾驶"。

这一章我们学习人类对行星运动规律的认识,以及万有引力定律及其发现过程,并对人类航天知识做一个简单的介绍。

§6.1 行星的运动

在古代,人们对天体的运动存在着地心说和日心说两种对立的观点。地心说认为地球是宇宙的中心,是静止不动的,太阳、月亮及其他行星都绕地球运动,如图6-1所示,它符合人们的日常经验。日心说则认为太阳是静止不动的,地球和其他行星都绕太阳运动,如图6-2所示。经过长期的争论,日心说战胜了地心说,最终被接受。

第 6 章 万有引力定律

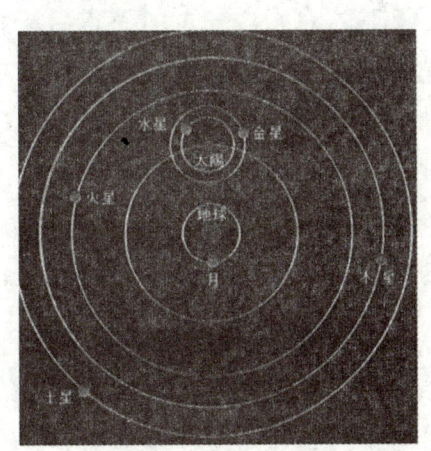

图 6-1 地心说模型

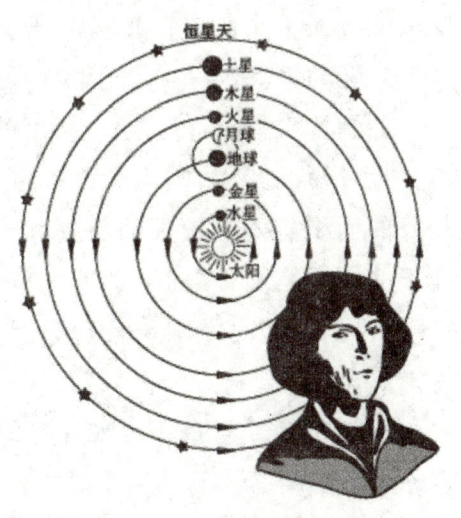

图 6-2 日心说模型

无论地心说还是日心说，古人都把天体的运动看得很神圣，认为天体的运动必然是最完美、最和谐的匀速圆周运动。德国天文学家开普勒（图 6-3）用了 20 年的时间研究丹麦天文学家第谷的行星观测记录，发现如果假设行星的运动是匀速圆周运动，计算所得的数据与观测数据不符。只有假设行星绕太阳运行的轨道不是圆而是椭圆，才能解

图 6-3 开普勒（1571—1620）

释这种差别。他还发现了行星运动的其他规律。开普勒分别于 1609 年和 1619 年发表了他发现的规律，后人称为开普勒行星运动三定律。

开普勒第一定律 所有的行星围绕太阳运动的轨道都是椭圆，太阳处在椭圆的一个焦点上。

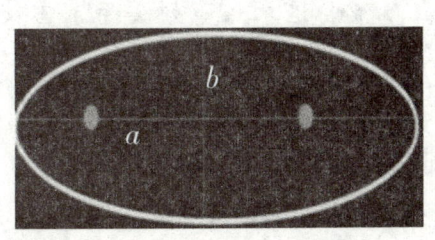

图 6-4 椭圆的焦点与长轴、短轴

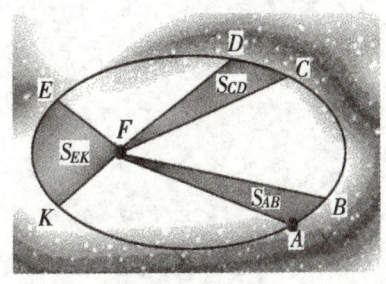

图 6-5 相等时间扫过相等面积

如图 6-4 所示，椭圆的长半轴为 a，短半轴为 b，长轴上的两点为焦点，太

阳只能处于一个焦点的位置。

开普勒第二定律 太阳和行星的连线在相等的时间内扫过的面积相等。

如图6-5所示,行星在 AB 段距离太阳较远,连线要扫过相等的面积行星需要走较短的路程,因而速度较慢;行星在 EK 段距离太阳较近,连线要扫过相等的面积需要走较长的路程,因而速度较快;行星在 CD 段距离太阳的距离介于前两者之间,因而运动速度也介于前两者之间。

所以,行星离太阳比较近时运行的速度比较快;离太阳比较远时速度比较慢。

开普勒第三定律 所有行星的轨道的长半轴的三次方跟公转周期的二次方的比值都相等。

若 a 代表轨道的半长轴,T 代表公转周期,开普勒第三定律告诉我们

$$\frac{a^3}{T^2}=k$$

k 值只与中心天体有关,与环绕天体无关,即对所有行星都相同。

实际上,行星的轨道与圆十分接近,在中学阶段的研究中我们按圆轨道处理。开普勒行星运动三定律可简化为:

(1) 行星绕太阳运行的轨道十分接近圆,太阳处在圆心;
(2) 对某一行星来说,绕太阳做匀速圆周运动;
(3) 所有行星轨道半径的三次方与公转周期二次方的比值都相等。

开普勒关于行星运动的描述为万有引力定律的发现奠定了基础。

练习一

1. 科学家( )第一次对天体做圆周运动产生了怀疑。
   A. 布鲁诺　　B. 伽利略　　C. 开普勒　　D. 第谷

2. 探索宇宙的奥秘,一直是人类孜孜不倦的追求。下列关于宇宙及星体运动的说法正确的是( )。
   A. 地球是宇宙的中心,太阳、月亮及其他行星都绕地球运动
   B. 太阳是静止不动的,地球和其他行星都绕太阳运动
   C. 地球是绕太阳运动的一颗行星
   D. 日心说是正确的,地心说是错误的

3. 某行星绕太阳运行的椭圆轨道如图6-6所示,F_1 和 F_2 是椭圆轨道的

两个焦点,行星在 A 点的速率比在 B 点的速率大,则太阳是位于( )。

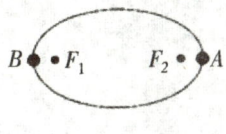

图 6-6

    A. F_2 B. A

    C. F_1 D. B

4. 将行星绕恒星运动的轨道当作成圆形,那么它的轨道半径 R 的三次方与它的公转周期 T 的二次方之比为一常数 k,即 $\dfrac{R^3}{T^2}=k$,则常数 k 的大小( )。

    A. 只与行星的质量有关

    B. 只与恒星的质量有关

    C. 与恒星的质量及行星的质量均没有关系

    D. 与恒星的质量及行星的质量都有关系

5. 把太阳系各行星的运动近似看作匀速圆周运动,比较各行星周期,则离太阳越远的行星( )。

    A. 周期越小   B. 周期越大

    C. 周期都一样   D. 无法确定

§6.2 万有引力定律

    17世纪,英国物理学家牛顿在前人研究成果的基础上,应用力学知识对天体运动进行了深入的研究,成功地解释了天体运动的规律。

    牛顿认为,太阳对行星的引力是行星围绕太阳运动的原因,并且进一步研究了太阳对行星的引力,行星对卫星的引力,地球对地面物体的引力等,发现它们都是同一性质的力,同时还发现在宇宙中任何物体之间都存在着相互吸引力,称为万有引力,并于1687年把万有引力定律发表在牛顿的传世之作《自然哲学的数学原理》中。

    自然界中任何两个物体都相互吸引,引力的方向在它们的连线上,引力的大小与它们质量的乘积成正比,跟它们距离的二次方成反比。这就是万有引力定律。它的表达式为

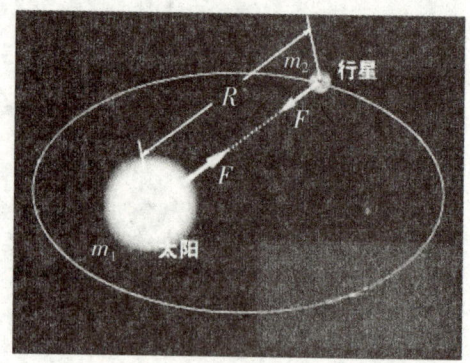

图 6-7　牛顿发现万有引力定律

$$F = G\frac{m_1 m_2}{R^2}$$

其中 m_1、m_2 为两个物体的质量，R 为两个物体之间的距离，G 叫引力常量，适用于任何两个物体。

100 多年之后，英国物理学家卡文迪许在实验室中测出了引力常量的数值，使万有引力的计算成为可能。目前 G 的公认值为 $6.67 \times 10^{-11}\ \text{N} \cdot \text{m}^2/\text{kg}^2$，它在数值上等于两个质量是 1 kg 的物体相距 1 m 时的吸引力。

万有引力定律发现后，最成功的应用是利用它发现了新的行星等天体。英国剑桥大学的学生亚当斯和法国年轻的天文学家勒维耶，根据天王星轨道出现的偏差，相信是由天王星外侧未知行星的吸引造成的，并各自独立地利用万有引力定律计算出这颗行星的轨道。1846 年 9 月 23 日晚，德国的伽勒在勒维耶预言的位置附近发现了这颗行星，后来被命名为海王星。在此之前，1705 年英国天文学家哈雷根据万有引力定律计算了一颗著名彗星的轨道并成功预言了它的回归，这颗彗星后来被命名为哈雷彗星。在此之后，人们还利用万有引力定律发现了海王星轨道之外的冥王星、卡戎等较大的天体。海王星的发现和哈雷彗星的"按时回归"确立了万有引力定律的地位，也成为科学史上的美谈。

万有引力定律的发现是人类在认识自然规律方面取得的一项重大成果，它揭示了自然界普遍存在的引力相互作用，对以后物理学和天文学的发展产生了巨大影响。

【例题】 根据天文测量资料，地球中心到太阳中心的距离 $R = 1.5 \times 10^{11}$ m，而地球绕太阳运动的周期 $T = 3.16 \times 10^7$ s。问太阳的质量有多大？

解： 因为地球绕太阳运动的向心力是由太阳对地球的引力提供的。今假

设 M 为太阳的质量,m 为地球的质量,则太阳对地球的引力为 $F=G\dfrac{Mm}{R^2}$。地球绕太阳的轨道若近似看作圆,则轨道半径就等于太阳与地球中心的距离 R,所以地球运动所需向心力 $F=m\omega^2 R=\dfrac{4\pi^2 mR}{T^2}$,依题意得 $\dfrac{4\pi^2 mR}{T^2}=G\dfrac{mM}{R^2}$

由上式得 $M=\dfrac{4\pi^2 R^3}{GT^2}$,代入数值,则

$$M=\dfrac{4\times 3.14\times(1.5\times 10^{11})^3}{6.67\times 10^{-11}\times(3.16\times 10^7)^2}\ \text{kg}=2.00\times 10^{30}\ \text{kg}$$

这里给出了一种测量恒星质量的方法。同样的道理,如果已知卫星绕行星运动的周期和卫星与行星之间的距离,也可以算出行星的质量。目前,观测人造卫星的运动,是测量地球质量的重要方法之一。

练习二

1. 万有引力定律用公式可以表示为 $F=$ _____。

2. 万有引力常量是由英国物理学家 _____ 在实验室中测量得出的,其值通常取 _____ N·m²/kg²。

3. 设太阳质量为 M,某行星绕太阳公转周期为 T,轨道可视作半径为 R 的圆。已知万有引力常量为 G,则描述该行星运动的上述物理量满足(　　)。

A. $GM=\dfrac{4\pi^2 R^3}{T^2}$　　　　B. $GM=\dfrac{4\pi^2 R^2}{T^2}$

C. $GM=\dfrac{4\pi^2 R^2}{T^3}$　　　　D. $GM=\dfrac{4\pi R^3}{T^2}$

4. 航天飞机中的物体处于完全失重状态,是指这个物体(　　)。

A. 不受地球的吸引力

B. 受到地球吸引力和向心力的作用而处于平衡状态

C. 受到向心力和离心力的作用而处于平衡状态

D. 对支持它的物体的压力为零

5. 如果认为行星围绕太阳做匀速圆周运动,下列说法中正确的是(　　)。

A. 行星同时受到太阳的万有引力和向心力

B. 行星受到太阳的万有引力,行星运动不需要向心力

C. 行星受到太阳的万有引力与它运动的向心力不等

D. 行星受到太阳的万有引力,万有引力提供行星圆周运动的向心力

6. 已知月球绕地球运动的公转周期为 T,月球和地球间的距离为 r,试根据相关知识计算地球的质量。

7. 已知地球平均半径为 6370 km,平均重力加速度为 9.80 m/s^2,试求地球的质量是多大。(提示:地球表面附近物体所受重力近似等于地球物体的万有引力)

§6.3　人造地球卫星和宇宙速度

　　1957 年 10 月 4 日,苏联发射了世界上第一颗人造地球卫星,从此开创了人类航天时代的新纪元。我国在 1970 年 4 月 24 日发射了第一颗人造地球卫星,现在已经是世界上第五个依靠自己力量成功研制火箭发射卫星、第三个掌握卫星回收技术、第四个用一枚火箭发射多颗卫星的国家。卫星主要有侦察卫星,通信卫星,导航卫星,气象卫星,地球资源勘测卫星,科学研究卫星,预警卫星和测地卫星等种类。科学技术的进一步发展,不仅建立起了空间站,还实现了宇宙飞船、航天飞机在太空和地球之间的往返,还向地球之外的行星发射了外星探测器等。

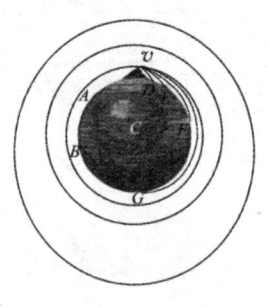

图 6-8

　　人造地球卫星为什么能绕地球运转而不落回地面呢?我们知道,地球对物体有吸引力,从地面发射出去的物体一般总要落回地面。但是,当物体的发射速度足够大,以致使物体所受的引力恰好等于物体绕地球运转所需的向心力时,物体就可以成为人造卫星,环绕地球做匀速圆周运动,不再落回地面。如图 6-8 所示,牛顿最早研究了地面附近的抛体运动,并预言了发射人造地球卫星的可能性。那么,人造地球卫星应具有多大的速度,才能绕地球做匀速圆周运动呢?下面我们在忽略空气阻力的情况下计算这一速度。

　　如图 6-9 所示,设地球的质量为 M,绕地球做匀速圆周运动的卫星的质量为 m,卫星的速度大小为 v,它到地心的距离为 r。卫星运动所需要的向心力

是由万有引力提供的,所以

$$m\frac{v^2}{r}=G\frac{Mm}{r^2}$$

由此解出

$$v=\sqrt{\frac{GM}{r}}$$

近地卫星在 100~200 km 的高度飞行,与地球半径 6400 km 相比,完全可以说是在"地面附近"飞行,可以用地球的半径 R 代表卫星到地心的距离 r。把数据代入上式后算出

$$v=\sqrt{\frac{GM}{R}}=\sqrt{\frac{6.67\times10^{-11}\times5.98\times10^{24}}{6.4\times10^6}}\text{m/s}=7.9\text{ km/s}$$

卫星的运行速度 v 还可以这样来计算:

设地球的半径为 R,当质量为 m 的卫星在地面附近以速度 v 环绕地球运转时,它的轨道半径近似等于地球半径 R,它所受到地球对它的万有引力近似等于它在地球表面所受的重力。卫星运动所需要的向心力是由万有引力提供的,所以

$$G\frac{Mm}{R^2}=mg=m\frac{v^2}{R}$$

所以

$$v=\sqrt{Rg}=\sqrt{6.4\times10^6\times9.8}\text{ m/s}=7.9\text{ km/s}$$

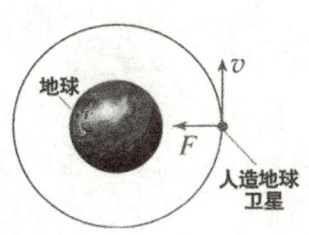

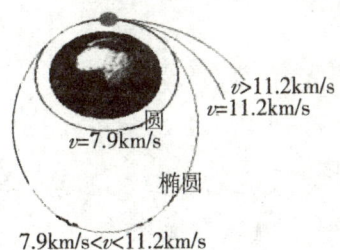

图 6-9 人造卫星做圆周运动　　图 6-10 宇宙速度

这就是人造地球卫星在地面附近环绕地球做匀速圆周运动必须具有的速度,叫作**第一宇宙速度(环绕速度)**,它是卫星的最小发射速度。

当在地面附近发射人造地球卫星的速度大于 7.9 km/s,而小于 11.2 km/s,它绕地球运动的轨道就不是圆,而是椭圆。当在地面附近发射人造地球卫星的速度等于或大于 11.2 km/s 时,卫星就会脱离地球的引力,不再绕地球运

行。这个 11.2 km/s 的速度就叫作**第二宇宙速度(脱离速度)**如图 6-10 所示。要想使物体挣脱太阳引力的束缚,飞到太阳系以外的宇宙空间去,在地面附近发射的速度就必须等于或大于 16.7 km/s,这个 16.7 km/s 的速度就叫作**第三宇宙速度(逃逸速度)**。

练习三

1. 当人造卫星的速度达到第一宇宙速度_____km/s 时,卫星即可绕地球飞行。

2. 欲使飞船摆脱地球引力,飞向其他星球,其发射速度必须大于_____km/s。

3. 关于地球的第一宇宙速度,下列表述正确的是( )。
   A. 第一宇宙速度又叫脱离速度
   B. 第一宇宙速度又叫环绕速度
   C. 第一宇宙速度跟地球的质量无关
   D. 第一宇宙速度跟地球的半径无关

4. 人造地球卫星的轨道半径越大,则( )。
   A. 线速度越小,周期越大
   B. 角速度越大,周期越大
   C. 线速度越大,周期越小
   D. 线速度越小,周期越小

5. 人造卫星绕地球做匀速圆周运动,卫星所受万有引力 F 与轨道半径 r 的关系是( )。
   A. F 与 r 成正比
   B. F 与 r 成反比
   C. F 与 r^2 成正比
   D. F 与 r^2 成反比

6. 某人造地球卫星沿圆形轨道运行,轨道半径是 6.8×10^3 km,周期是 5.6×10^3 s,试从这些数据估算地球的质量。

7. 金星的半径是地球的 0.95 倍,质量是地球的 0.82 倍,金星表面的自由落体加速度是多大?金星的第一宇宙速度是多大?(提示:在星体表面可忽略自转影响,认为重力等于万有引力。本题参考答案:金星表面的自由落体加速度为 8.9 m/s;金星的第一宇宙速度为 7.3 km/s。)

本章知识小结

1. 开普勒行星运动三定律

第一定律:所有的行星围绕太阳运动的轨道都是椭圆,太阳处在所有椭圆的一个焦点上。

第二定律:太阳和行星的连线在相等的时间内扫过的面积相等。

第三定律:所有行星的轨道的长半轴的三次方与公转周期的二次方的比值都相等。

2. 万有引力定律

自然界中任何两个物体都相互吸引,引力的方向在它们的连线上,引力的大小与两个物体质量的乘积成正比,跟它们距离的二次方成反比。

$$F=G\frac{m_1 m_2}{R^2}$$

3. 宇宙速度

第一宇宙速度 $v=7.9$ km/s:卫星在地面附近做匀速圆周运动的速度。它是卫星的最小发射速度,也是地球卫星的最大环绕速度。

第二宇宙速度 $v=11.2$ km/s:卫星挣脱地球引力束缚应具有的最小速度。

第三宇宙速度 $v=16.7$ km/s:卫星挣脱太阳引力束缚应具有的最小速度。

载人航天时代的到来

地球是人类的摇篮,但是人类不能永远生活在摇篮里。
——俄罗斯"航天之父"齐奥尔科夫斯基

从古至今,人类就从未放弃过他们对天空的强烈向往。闪烁的星空、浩瀚的宇宙,一切神秘和美丽都蕴藏在那深邃高远的苍穹之中。太空让人类迷恋并付出过巨大的代价,只为能去一探究竟。而今,科技使我们的热望有了收获的欣慰和喜悦。从第一枚火箭升空到人类登上月球,从人造卫星到太空探测器甚至国际空间站等等,这些都是人类智慧和努力的证明。

一、载人飞船的特殊技术问题

环境控制与生命保障系统　环控生保系统是载人飞船最具载人航天特征的一个重要系统,是突破载人航天技术的关键。该系统应在载人飞船临射待命、发射段飞行、轨道飞行、返回段飞行和着陆后等待回收的各个阶段,为航天员(或载荷专家)创造合适的舱内生存环境条件,保障其在空间飞行的特殊环境下安全生活和正常地工作。该系统应有两大功能:其一,控制环境功能,实现座舱的内环境控制,即座舱大气压力控制、气体成分控制、大气湿度控制和大气温度控制。解决座舱的火情、噪声和辐射问题。其二,生命保障功能,为航天员提供各种生活支持设施,解决空间飞行条件下,特别是轨道飞行的微重力条件下航天员的进食、饮水和处理个人卫生所遇到的特殊困难。

应急救生系统　在飞船运行的不同阶段需要采用不同的应急救生手段,在发射阶段采用弹射座椅或可分离头部(逃逸塔);轨道运行阶段由另一载人飞船靠近出故障的飞船,并与之对接,或航天员乘坐载人机动装置飞到另一艘载人飞船上去,也可以提前返回;返回阶段采用弹射座椅或分离座舱,将航天员与飞船分离。

人工控制系统　为提高系统的可靠性和处理应急情况,载人飞船都设有手动控制装置以及照明、目视观测和话音图像通信等设备。

安全返回系统　为确保乘员安全返回,除靠热防护层和座舱温度控制外,载人飞船的返回舱在返回过程中的制动过载,必须限制在人的耐受范围内,同时还要求较高的落点精度,以便及时发现。

高可靠性安全性系统　载人飞船的系统和设备必须进行高可靠性、安全性设计,其技术包括制定可靠性、安全性准则,元器件的选择和控制,故障模式影响分析,危险分析,事件树分析等。

二、载人航天与载人飞船

载人航天是人类驾驶和乘坐载人航天器在太空中从事各种探测、研究、试验、生产和军事应用的往返飞行活动。其目的在于突破地球大气的屏障和克服地球引力,把人类的活动范围从陆地、海洋和大气层扩展到太空,更广泛和更深入地认识整个宇宙,并充分利用太空和载人航天器的特殊环境进行各种研究和试验活动,开发太空极其丰富的资源。

根据飞行和工作方式的不同,载人航天器可分为**载人飞船、空间站和航天飞机**三类。

载人飞船按乘坐人数分为单人式飞船和多人式飞船,按运行范围分为卫星式载人飞船、登月载人飞船和行星际载人飞船等。卫星式飞船主要在低地球轨道上进行航天活动,把航天员和物品送入空间站或接回地球,如1961年苏联发射的东方号飞船、上升号飞船和联盟号飞船,美国的水星号飞船、双子星座号飞船,中国的神舟号飞船。美国于上世纪60年代初研制出登月载人飞船,这种飞船是专门用来将人送上月球的大型航天器,如阿波罗号。行星际载人飞船是飞往太阳系各大行星的飞船,目前尚未实现。

载人空间站又称为轨道站或航天站,可供多名航天员居住和工作。

航天飞机既可作为载人飞船和空间站进行载人航天活动,又是一种重复使用的运载器。

目前,世界上只有美国、俄罗斯和中国掌握了载人航天技术。而载人飞船是载人航天技术发展的第一步,为载人空间站的发展积累了丰富的经验,奠定了坚实的基础。

三、载人航天历史回顾

1961 年 4 月 12 日,苏联宇航员加加林乘东方 1 号飞船升空,历时 108 分钟,代表人类首次进入太空(图 6-11)。

1963 年 6 月 16 日,苏联尼·捷列什科娃乘东方 6 号飞船上天,历时 2 天又 22 小时 50 分,成为世界第一位女宇航员。

1965 年 3 月 18 日,苏联宇航员列昂诺夫走出上升 2 号飞船,离船 5 米,停留 12 分钟,首次实现人类航天史上的太空行走。

图 6-11　进入太空第一人——加加林,荣登《时代》周刊封面

1967 年 4 月 24 日,苏联宇航员科马洛夫乘联盟 1 号飞船返回地面时,因降落伞未打开,成为第一位为航天殉难的宇航员。

1969 年 1 月 14—17 日,苏联的联盟 4 号和 5 号飞船在太空首次实现交会对接,并交换了宇航员。

1969 年 7 月 21 日,美国宇航员阿姆斯特朗走出阿波罗 11 号飞船的登月舱,在月面停留 21 小时又 18 分钟,成为人类踏上月球第一人(图 6-12)。

图 6-12　踏上月球第一人——阿姆斯特朗

1971 年 4 月 9 日,苏联发射世界上第一艘长期停留在太空的礼炮 1 号空间站。

1975 年 7 月 15—21 日,美国的阿波罗号飞船和苏联的联盟 19 号飞船在太空联合飞行,成为载人航天的首次国际合作。

1981 年 4 月 21 日,美国成功发射并返回世界上首架航天飞机哥伦比亚号,使可重复使用的天地往返系统梦想成真。

1984年2月7日,美国宇航员麦坎德列斯和斯图尔特不拴系绳离开挑战者号航天飞机,成为第一批"人体地球卫星"。

1984年7月25日,苏联萨维茨卡娅离开礼炮7号空间站,成为第一位在太空行走的女宇航员。

1985年7月25日,王赣骏乘挑战者号航天飞机进入太空,成为第一位华裔宇航员。

俄罗斯的波利亚科夫,于1994—1995年间在和平号空间站上连续停留438天,成为在太空时间呆得最长的男宇航员;而美国的露西德于1996年在和平号上停留了188天,成为在太空时间呆得最长的女宇航员。

1995年3月2日至18日,奋进号航天飞机在太空中飞行,其上的7位宇航员加上和平号上的6位宇航员,共有13位宇航员同时在太空,成为同时在太空中人数最多的一次。

1986年1月28日,挑战者号航天飞机起飞时发生爆炸,7位宇航员全部遇难,成为迄今最大的一次航天灾难。

在1995年2月的发现号航天飞机上,美国宇航员科林斯成为第一位航天飞机的女驾驶员。

1995年6月29日,美国亚特兰蒂斯号航天飞机与俄罗斯和平号空间站第一次对接,开始了总计9次的航天飞机与空间站的对接,为建造国际空间站拉开序幕(图6-13)。

图6-13 国际空间站站徽

从1998年11月开始,由美国、俄罗斯等六个太空机构联合建造的国际空间站开始建造,至2011年12月,这项耗资超过1000亿美元的国际合作项目终于建造完成。国际空间站能给研究生命科学、生物技术、航天医学、材料科学、流体物理、燃烧科学等提供比地球上好得多、甚至在地球无法提供的优越条件,直接促进这些科学的进步。目前,国际空间站上常年有来自多个国家的宇航员进行各项研究工作,其使用寿命可达到2028年之后。

四、我国的载人航天工程

1992年,中国载人航天工程正式启动。在我国已经掌握卫星发射和回收技术的基础上,经过科技工作者辛勤的努力和探索,克服了一个又一个困难,在航天技术上不断取得突破。

1999年11月20日,神舟一号无人飞船发射成功。

2001年01月10日,神舟二号无人飞船发射成功。

2002年03月25日,搭载模拟人的神舟三号飞船发射成功。

2002年12月30日,搭载模拟人的神舟四号飞船发射成功。

2003年10月15日,神舟五号载人飞船发射成功,航天员杨利伟成为我国进入太空第一人(图6-14)。这次成功发射实现了中华民族千年的飞天梦想,标志着中国成为世界上第三个能够独立开展载人航天活动的国家,为进一步的空间科学研究奠定了基础。

图6-14 中国进入太空第一人——杨利伟　图6-15 中国女性进入太空第一人——刘洋

2005年10月12日,神舟六号载人飞船发射成功,航天员费俊龙、聂海胜进入太空。

2008年09月25日,神舟七号载人飞船发射成功,航天员翟志刚、刘伯明、景海鹏进入太空。

2011年11月01日,搭载模拟人的神舟八号飞船发射成功。

2012年06月16日,神舟九号载人飞船发射成功,航天员景海鹏、刘旺、刘洋进入太空。刘洋成为我国进入太空的第一位女性(图6-15)。

2013年06月11日,神舟十号载人飞船发射成功,航天员聂海胜、张晓光、王亚平进入太空。2013年6月20日上午王亚平在指令长聂海胜和摄像师张晓光的协助下成功进行中国首次太空授课。

2013年12月15日,我国发射的嫦娥3号月球探测器在月球表面成功实现软着陆,所携带的玉兔巡视器成功出仓并实现在月球表面的行走、拍照、观测,标志着我国的航天技术又达到了一个新的高度。中国人登上月球,将嫦娥奔月的神话变为现实的那一天,一定会早日到来。

复 习 题

一、选择题

1. 同步卫星相对于地面静止不动,就像悬在空中一样。下列说法中正确的是(　　)。

　　A. 同步卫星处于平衡状态

　　B. 同步卫星绕地心的角速度跟地球自转的角速度相等

　　C. 同步卫星的线速度跟地面上观察点的线速度相等

D. 以上说法都不对

2. 对于人造地球卫星,下列说法中正确的是(　　)。

    A. 卫星质量越大,离地越近,速度越大,周期越短

    B. 卫星质量越小,离地越近,速度越大,周期越长

    C. 卫星质量越大,离地越近,速度越小,周期越短

    D. 与卫星质量无关,离地越远,速度越小,周期越长

3. 把太阳系各行星的运动近似看作匀速圆周运动,比较各行星周期,则离太阳越远的行星(　　)。

    A. 周期越小　　　　　　　B. 周期越大

    C. 周期都一样　　　　　　D. 无法确定

4. 设太阳质量为 M,某行星绕太阳公转周期为 T,轨道可视作半径为 R 的圆。已知万有引力常量为 G,则描述该行星运动的上述物理量满足(　　)。

    A. $GM=\dfrac{4\pi^2 R^3}{T^2}$　　　　　B. $GM=\dfrac{4\pi^2 R^2}{T^2}$

    C. $GM=\dfrac{4\pi^2 R^2}{T^3}$　　　　　D. $GM=\dfrac{4\pi R^3}{T^2}$

5. 关于地球的第一宇宙速度,下列表述正确的是(　　)。

    A. 第一宇宙速度又叫脱离速度

    B. 第一宇宙速度又叫环绕速度

    C. 第一宇宙速度跟地球的质量无关

    D. 第一宇宙速度跟地球的半径无关

6. 苹果落向地球,而不是地球向上运动碰到苹果,产生这个现象的原因是(　　)。

    A. 由于地球对苹果有引力,而苹果对地球没有引力造成的

    B. 由于苹果质量小,对地球的引力小,而地球质量大,对苹果的引力大造成的

    C. 苹果与地球间的相互引力是大小相等的,由于地球质量极大,不可能产生明显加速度

    D. 以上说法都不对

二、填空题

1. 德国天文学家_____发现了行星运动的三大定律,英国科学家_____发现了万有引力定律。

第6章 万有引力定律

2. 所有的行星围绕太阳运动的轨道都是_____,太阳处在椭圆的一个焦点上。

3. 太阳和行星的连线在相等的时间内扫过的面积_____。

4. 万有引力定律用公式可以表示为_____。

5. 万有引力常量是由英国物理学家_____在实验室中通过几个铅球之间引力的测量得出的,其值通常取_____ $N \cdot m^2/kg^2$。

6. 当人造卫星的速度达到第一宇宙速度_____ km/s 时,卫星即可绕地球飞行。

7. 欲使飞船摆脱地球引力,飞向其他星球,其速度必须大于_____ km/s。

8. 人造地球卫星围绕地球做匀速圆周运动所需要的向心力由_____提供。

三、判断题

1. 所有的行星绕太阳运动的轨迹都是椭圆。(　　)

2. 行星在近日点的速率小于在远日点的速率。(　　)

3. 太阳系的八大行星中,离太阳越远,其周期越小。(　　)

4. 万有引力常量 G 的数值是牛顿在实验室中测出来的。(　　)

5. 人造地球卫星围绕地球做匀速圆周运动的向心力由地球对人造卫星的万有引力提供。(　　)

6. 地球的第一宇宙速度的大小是 7.9 km/s。(　　)

四、计算题

1. 地球绕太阳公转轨道半径为 r,公转周期为 T,求太阳的质量 M。

2. 如果有一个行星质量是地球的 1/8,半径是地球半径的 1/2,求在这一行星上发射卫星的环绕速度是在地球上发射卫星的环绕速度的多少倍?

第7章 功 和 能

力不仅与物体速度的变化有关系,还与其他物理量的变化有关系。本章将以牛顿运动定律为基础,引入功和能的概念。功和能是物理学中两个重要的概念,它们在物理学和其他科学技术上有很重要的意义,是我们学习和掌握科学知识的基础。

不同形式的能量之间可以相互转化,在能量转化的过程中,功扮演着重要的角色,做功的过程就是能量转化的过程,而且做了多少功,就有多少能量相互转化。

本章主要学习功、功率、动能、重力势能等概念以及动能定理、机械能守恒定律、能量守恒定律等有关功和能的物理规律。通过本章的学习将为解决力学问题开辟一条新的途径,同时还可加深对机械运动的认识。

§7.1 功

功 我们在初中已经学习过有关功的初步知识,一个物体受到力的作用,如果在力的方向上发生了一段位移,我们就说这个力对这个物体做了功。例如,起重机提起货物的时候,货物受到起重机钢绳的拉力作用发生了一段位移,钢绳的拉力对货物做了功;人拉车前进,车在人的拉力作用下发生了一段位移,就说人的拉力对车做了功。

如果物体受到了力的作用,而在力的方向上没有发生位移,这个力对物体就没有做功。例如,一个人举着一个物体不动,他虽然对这个物体有一个向上的支持力,但由于物体在支持力的方向上没有位移,所以这个支持力对物体并没有做功;人用力向前推一个质量较大的物体而没有推动,这个推力也没有对物体做功;人在水平面上推车前进时重力并没有对车做功,因为重力的方向是竖直向下的,车虽然在水平方向上发生了位移,但在重力的方向上却没有位移。

可见,**力和物体在力的方向上发生的位移,是做功的两个不可缺少的因素**。

在物理学中,如果力的方向与物体运动的方向一致,我们就把功定义为力的大小与位移大小的乘积。如果物体在恒力 F 的作用下,沿力 F 的方向发生的位移是 l,如图 7-1 所示,那么,力 F 对物体做的功 W 为

$$W = Fl$$

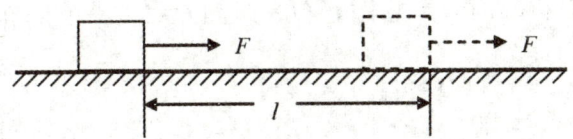

图 7-1　如果力的方向与位移方向一致,功等于力的大小与位移大小之积

但是,物体运动的方向并不总是跟力的方向相同。当力 F 的方向与位移 l 方向成某一角度时,可以把力分解为两个力:与位移方向一致的分力 F_1,与位移方向垂直的分力 F_2,如图 7-2 所示。设物体在力 F 的作用下发生的位移是 l,则力 F_1 做的功等于 $F_1 l$;力 F_2 的方向跟位移方向垂直,在 F_2 的方向上物体没有发生位移,力 F_2 做的功等于零。因此,力 F 对物体所做的功 W 就等于 $F_1 l$,而 $F_1 = F\cos\alpha$,所以力 F 对物体做的功 W 为

$$W = Fl\cos\alpha$$

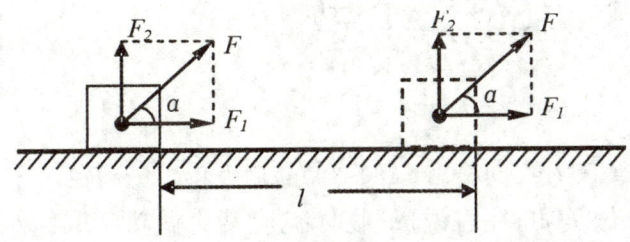

图 7-2　当力与位移之间有夹角 α 时,力所做的功是 $W = Fl\cos\alpha$

上式表明,**力对物体所做的功,等于力的大小、位移的大小、力与位移夹角的余弦这三者的乘积**。

功是标量,在国际制单位中,功的单位是焦耳,简称焦,符号是 J。1 J 就是 1 N 的力使物体在力的方向上发生 1 m 的位移所做的功,即

$$1\,\text{J} = 1\,\text{N} \times 1\,\text{m} = 1\,\text{N}\cdot\text{m}$$

正功和负功　根据功的公式可知,功的大小不但与力和位移大小有关,还与力和位移间的夹角 α 有关。我们讨论一下力做功时力和位移的夹角 α 可能

出现的各种情形。

(1) 当 $\alpha=90°$ 时，$\cos\alpha=0$，$W=0$。这表示力 F 的方向与位移 l 的方向垂直时，力不做功。例如，物体在水平桌面上运动，重力 G 和支持力 F_N 都与位移垂直，这两个力都不做功，如图 7-3 所示。

(2) 当 $0°\leqslant\alpha<90°$ 时，$\cos\alpha>0$，$W>0$。这表示 F 对物体做正功。例如，人拉车前进时，拉力做正功；物体从高处下落时，重力做正功，如图 7-4 所示。

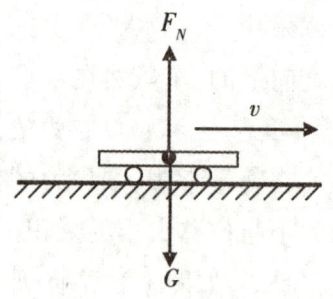

图 7-3　$\alpha=90°$ 时重力和支持力都不做功

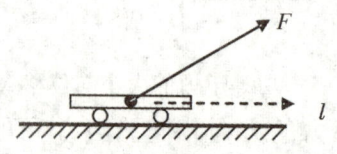
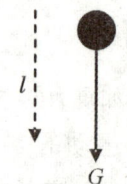

图 7-4　$0°\leqslant\alpha<90°$ 时拉力和重力做正功

(3) 当 $90°<\alpha\leqslant180°$ 时，$\cos\alpha<0$，$W<0$。这表示力 F 对物体做负功。例如，人推车前进时，摩擦力 f 对车做负功；物体上抛，重力对物体做负功，如图 7-5 所示。

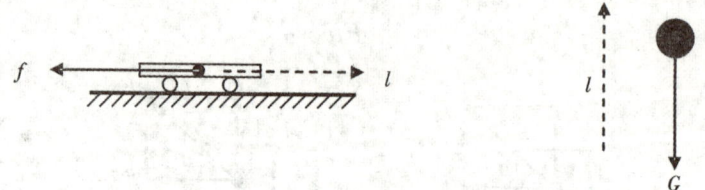

图 7-5　$90°<\alpha\leqslant180°$ 时摩擦阻力和重力做负功

某力对物体做负功，往往说成"物体克服某力做功"（取绝对值）。例如，摩擦力阻碍物体运动做负功，可以说成物体克服摩擦力做了功；上抛物体运动过程中，重力对物体做负功，可以说成物体克服重力做了功，这两种说法的意义是等同的。

当一个物体在几个力的共同作用下发生一段位移时，这几个力对物体所做的总功，等于各个力分别对物体所做功的代数和。可以证明，它也等于这几个力的合力对物体所做的功。

【例题1】一个质量是 $m=50$ kg 的雪橇，受到与水平方向成 $\alpha=60°$ 角斜向上方的拉力 $F=300$ N，在水平地面上移动的距离 $l=5$ m。雪橇与地面之间的

滑动摩擦力 $f=100$ N。求拉力 F、摩擦力 f 所做的功以及各力对雪橇做的总功。

分析：如图 7-6 所示，雪橇受到的重力和支持力沿竖直方向，与雪橇的运动方向垂直，不做功。

摩擦力和拉力对雪橇要做功，可用功的公式计算。

各力对雪橇做的总功为拉力和摩擦阻力所做的功的代数和。

解：根据功的计算式，拉力 F 做的功为

$$W_1 = Fl\cos\alpha = 300 \times 5 \times 0.5 \text{ J} = 750 \text{ J}$$

摩擦力与运动方向相反，它做的功为负功

$$W_2 = -fl = -100 \times 5 \text{ J} = -500 \text{ J}$$

各力对物体做的总功为

$$W = W_1 + W_2 = 750 \text{ J} + (-500 \text{ J}) = 250 \text{ J}$$

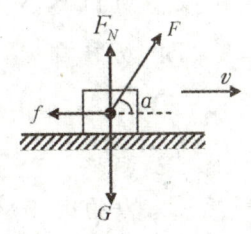

图 7-6 雪橇受力示意图

【例题 2】 某人用大小为 50 N 的力提着质量是 2 kg 的物体上升了 5 m，求人对该物体做的功以及物体克服重力做的功。（g 取 10 m/s²）

分析：物体向上运动，重力做负功，物体克服重力做的功也就是重力做功的绝对值。

解：由题知 $F = 50$ N，$G = mg = 2 \text{ kg} \times 10 \text{ m/s}^2 = 20$ N，$l = 5$ m，

人对该物体做的功为

$$W_1 = Fl = 50 \times 5 \text{ J} = 250 \text{ J}$$

物体重力做的功为

$$W_2 = -Gl = -20 \times 5 \text{ J} = -100 \text{ J}$$

所以物体克服重力做的功为 100 J。

练习一

1. _____ 和 _____ ，是做功的两个不可缺少的因素。

2. 力 F 对物体所做的功（记力 F 的方向与位移 l 方向成 α 角），用公式表达写为 _____。当 $\alpha = \dfrac{\pi}{2}$ 时，$\cos\alpha$ _____ 0，W _____ 0，这表示力 F 的方向跟位移 l 的方向垂直时，力 F 对物体不做功；当 $0 \leqslant \alpha < \dfrac{\pi}{2}$ 时，

cos α _____ 0,W _____ 0,这表示力 F 对物体做 _____ 功;当 $\frac{\pi}{2}<\alpha\leq\pi$ 时,cos α _____ 0,W _____ 0,这表示力 F 对物体做 _____ 功。

3. 关于功,下列说法正确的是(　　)。

　　A. 功的大小仅由位移决定,位移越大,功越大

　　B. 力和位移都是矢量,所以功也是矢量

　　C. 功的大小仅由力决定,力越大,功越大

　　D. 功只有大小而无方向,功是标量

4. 下列物理量中,与力对物体做功大小无关的是(　　)。

　　A. 密度　　　　　　　　　　B. 位移的大小

　　C. 力的大小　　　　　　　　D. 力和位移的夹角

5. 正功和负功取决于(　　)。

　　A. 力的方向　　　　　　　　B. 位移的方向

　　C. 力和位移方向间的夹角　　D. 力的性质

6. 如图所示的四幅图是小禾提包回家的情景,小禾对提包的拉力不做功的是(　　)。

　　　A　　　　　　B　　　　　　C　　　　　　D

　　A. 将包提起来　　　　　　　B. 站在水平匀速行驶的车上

　　C. 乘电梯上升　　　　　　　D. 提着包上楼

7. 下图表示物体在力 F 的作用下在水平面上发生了一段位移 x,分别计算这三种情形下力 F 对物体做的功。设这三种情形下力 F 和位移 x 的大小都一样:$F=10$ N,$x=2$ m。角 θ 的大小如图 7-7 所示。

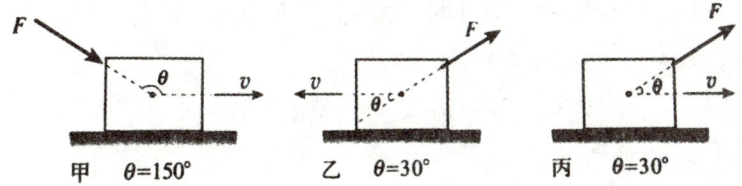

图 7-7 分别计算力 F 所做的功

8. 用起重机把重量为 2×10^4 N 的物体匀速地提高了 5 m，钢绳的拉力做了多少功？重力做了多少功？物体克服重力做了多少功？这些力做的总功是多少？

9. 用 400 N 的力在水平面上拉车行走 50 m，如果拉力与水平方向的夹角是 30°，拉力对车做了多少功？

§7.2 功 率

功率 不同物体在做相同的功的过程中，所用的时间往往不同，也就是说做功的快慢程度不同。例如，一台起重机能在 1 min 内把 1 t 的货物提到预定的高度，而另一台起重机只用 30 s 就可以把这些货物提到相同的高度，第二台起重机比第一台做功快一倍。

为了描述做功的快慢，物理学中引入功率的概念。**功跟完成这些功所用时间的比值，叫作功率。**通常用符号 P 表示功率，如果在时间 t 内完成的功是 W，那么

$$P=\frac{W}{t}$$

功率是标量。在国际制单位中，功率的单位是瓦特，简称瓦，符号 W。1 W=1 J/s。这个单位比较小，技术上常用千瓦(kW)作为功率的单位。

$$1\text{ kW}=1\ 000\text{ W}$$

【例题 1】 起重机在 5 s 内将重为 2×10^4 N 的重物匀速提高了 5 m，求该起重机做功的功率。

分析：根据功率的定义式 $P=\frac{W}{t}$，要求功率，需先求出起重机提升重物过程中所做的功，再根据公式计算。

解： 起重机匀速提升重物时，起重机对物体的拉力和重力相平衡，$F=mg$，起重机提升重物所做的功为

$$W=Fl=mgl=2\times10^4\times5 \text{ J}=10^5 \text{ J}$$

起重机做功的功率为

$$P=\frac{W}{t}=\frac{10^5}{5} \text{ W}=2\times10^4 \text{ W}$$

电动机、内燃机等动力机械工作时，机器对外做功的功率叫作**输出功率**，它也就是机器的有用功率，机器正常工作时允许的最大输出功率，叫作**额定功率**，它是机器设备铭牌上或说明书里所标示的功率。机器工作时实际的输出功率，可以小于额定功率，但不能较长时间的超过额定功率，因为这样"超负荷"的工作，会损害以致毁坏机器设备。机器的实际输出功率，叫作**实际功率**。

功率与速度 如果物体沿位移方向受力是 F，从计时开始到 t 时刻这段时间内，发生的位移是 l，则力在这段时间内所做的功是 $W=Fl$，根据功率的定义式，有

$$P=\frac{W}{t}=\frac{Fl}{t}$$

由于 $v=\frac{l}{t}$，所以上式可以改写成

$$P=Fv$$

也就是说，一个力对物体做功的功率，等于这个力与受力物体运动速度的乘积。从公式 $P=Fv$ 可以看出，当发动机功率一定时，物体的速度越大，牵引力越小，即牵引力与速度成反比。汽车上坡时，需要较大的牵引力，汽车司机必须用换低挡的办法减小速度，来得到较大的牵引力。

然而，在发动机功率一定时，通过减小速度提高牵引力或通过减小牵引力而提高速度，效果都是有限的。所以，要提高速度和增大牵引力，必须提高发动机的额定功率，这就是高速火车、汽车和大型舰船需要大功率发动机的原因。

【例题2】 卡车在水平公路上行驶，发动机的额定功率是 80 kW，求卡车匀速行驶的最大速度。卡车所受的阻力随行驶速度的增大而增大，设卡车以最大的速度行驶时的阻力为 2 000 N。

分析： 每个发动机都有一个额定功率，额定功率是发动机正常工作时的最大功率。卡车在水平方向上受到两个力作用：牵引力 F 和阻力 f。设输出

功率是 P，行驶速度为 v，则 $P=Fv$。卡车以最大速度匀速行驶时，牵引力 F 和阻力 f 相等，阻力已知，可根据公式变形，求出最大速度 v_m。

解：卡车以最大速度匀速行驶时，$F=f=2000\text{N}$，所以

$$v_m = \frac{P}{f} = \frac{80 \times 10^3}{2\,000} \text{ m/s} = 40 \text{ m/s}$$

即卡车匀速行驶的最大速度是 40 m/s。

练习二

1. 功率是用来表示物体做功_____的物理量，功率的定义式是_____。在国际单位制之中，功率的单位是_____。功率是_____（选填"矢量"或"标量"）。

2. 某人站在高处用绳子把重为 200 N 的货物匀速提高了 5 m，用了 10 s 时间，则人的拉力对货物做的功为_____，功率是_____。

3. 某人从梯子底端走到梯子顶端，第一次用了 30 s、第二次用了 1 min。他前后两次克服重力做的（　　）。

　　A. 功相同，功率相同　　　　B. 功不同，功率相同

　　C. 功相同，功率不同　　　　D. 功不同，功率不同

4. 汽车发动机的额定功率是 60 kW，汽车行驶时受到的阻力为 5×10^3 N，问汽车行驶的最大速度是多少？

5. 一台抽水机每秒能把 30 kg 的水抽到 10 m 高的水塔上，如果不计额外功的损失，这台抽水机输出的功率是多大？如果保持这一输出功率，半小时能做多少功？

§7.3 动能和动能定理

能　人类对能这一概念的认识是随着物理学的发展逐步扩大和加深的。我们在初中已经初步熟悉了一些形式的能量，如机械能（动能和势能）、热能、电能等。现在我们要进一步学习有关能量的知识。

能量这个概念在物理学以至整个自然科学中都具有十分重要的意义。那

么什么是能量呢？一般来讲，如果一个物体能够对外做功，我们就说物体具有**能量**，简称**能**。例如，流动的河水能够推动水轮机而做功，举到高处的铁锤下落时能够把木桩打进土里而做功，被压缩的弹簧放开时能够把物体弹开而做功，内燃机汽缸里的高温高压燃气膨胀时能推动活塞而做功。流动的河水，举高的铁锤，被压缩的弹簧，高温高压燃气，都能够对外做功，它们都具有能量。怎样定量地确定物体的能量呢？**物体做功的过程就是能量变化的过程，做了多少功，就有多少能量发生变化**。就是说，**功是能量变化的量度**。所以，我们就可以根据功的多少来定量地讨论能量的变化问题了。

动能　物体由于运动而具有的能量叫作动能。流动的河水，飞行的子弹，下落的铁锤，运动的汽车等都具有动能。静止物体的动能等于零。

那么物体的动能跟哪些因素有关呢？让我们一起研究一下匀加速直线运动的情况。在光滑的水平面上有一个质量为 m 的静止物体，在水平恒力 F 的作用下开始运动，经过一段位移 x，速度达到 v，获得一定的动能，如图 7-8 所示。

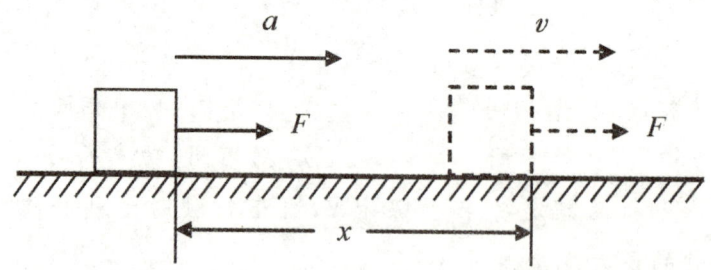

图 7-8　物体在恒力作用下发生了一段位移，速度增加

在这一过程中，外力 F 对物体所做的功 $W=Fx$，由于功是能量变化的量度，如果用 E_k 表示物体的动能，就有 $E_k=W=Fx$。根据牛顿第二定律，$F=ma$；根据运动学公式 $v^2=2ax$，得 $x=\dfrac{v^2}{2a}$。将 F 和 x 的表达式代入 $W=Fx$ 中得到

$$E_k=Fx=ma\dfrac{v^2}{2a}=\dfrac{1}{2}mv^2$$

可以得到物体动能的表达式

$$E_k=\dfrac{1}{2}mv^2$$

即物体的动能等于它的质量和速度平方乘积的一半。

动能和功一样是标量。动能和功的单位一样,国际单位都是焦耳(J)。

$$1 \text{ kg} \cdot \text{m}^2/\text{s}^2 = 1 \text{ kg} \cdot \text{m/s}^2 \cdot \text{m} = 1 \text{ N} \cdot \text{m} = 1 \text{ J}$$

我国在 1970 年发射的第一颗人造地球卫星,质量为 173 kg,运动速度为 7.2 km/s,它的动能是

$$E_k = \frac{1}{2}mv^2 = \frac{1}{2} \times 173 \times (7.2 \times 10^3)^2 \text{ J} = 4.5 \times 10^9 \text{ J}$$

动能定理 运动的物体具有动能,外力对物体做功时,在外力作用下,物体的速度要发生变化,因而物体的动能也发生了变化。现在我们来看一下外力做功与动能变化之间的关系。

设一个质量为 m 的物体,原来的速度是 v_1,动能是 $E_{k_1} = \frac{1}{2}mv_1^2$,在恒定的外力 F 的作用下,发生一段位移 x,速度增加到 v_2,动能增加到 $E_{k_2} = \frac{1}{2}mv_2^2$,如图 7-9 所示。

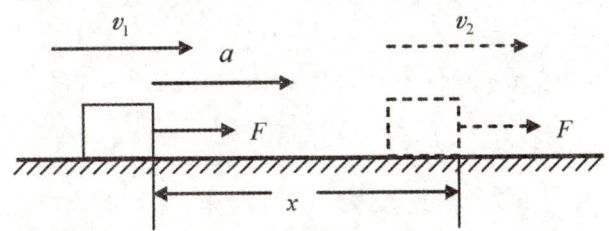

图 7-9 物体在恒力作用下速度由 v_1 增加到 v_2

外力 F 对物体做的功 $W = Fx$,根据牛顿第二定律,$F = ma$;根据运动学公式 $v_2^2 - v_1^2 = 2ax$,得到

$$x = \frac{v_2^2 - v_1^2}{2a}$$

所以

$$Fx = ma \times \frac{v_2^2 - v_1^2}{2a}$$

即

$$Fx = \frac{1}{2}mv_2^2 - \frac{1}{2}mv_1^2$$

或

$$W = E_{k_2} - E_{k_1}$$

其中 E_{k_2} 表示一个物体的末动能,E_{k_1} 表示一个物体的初动能。

这个关系表明,**合力在一个过程中对物体做的功,等于物体在这个过程中动能的变化量**。这个结论叫作**动能定理**。

前面已经证明合力对物体所做的功等于物体所受的所有外力对物体做功的代数和。

由动能定理可知:当合力对物体做正功时,物体的动能增加;当合力对物体做负功,即物体克服外力做功时,物体的动能减少。

动能定理虽然是在恒定合力和直线运动这种特定的情况下推导出的,但是理论和实验都证明它也适用于变力和曲线运动的情况,它与运动状态的变化无关,只与初末速度有关。

【**例题 1**】一个质量为 8 g 的子弹,以 800 m/s 的速度飞行;一个质量是 60 kg 的人,以 3 m/s 的速度奔跑,哪个动能大?

解:已知 $m_{子弹}=8\text{ g}=8\times10^{-3}\text{ kg}, v_{子弹}=800\text{ m/s}, m_{人}=60\text{ kg}, v_{人}=3\text{ m/s}$,

子弹的动能 $E_{k1}=\frac{1}{2}m_{子弹}v_{子弹}^2=\frac{1}{2}\times8\times10^{-3}\text{ kg}\times(800\text{ m/s})^2=2.56\times10^3\text{ J}$,

人的动能 $E_{k2}=\frac{1}{2}m_{人}v_{人}^2=\frac{1}{2}\times60\text{ kg}\times(3\text{ m/s})^2=270\text{ J}$,

所以子弹的动能较大。

【**例题 2**】一辆质量为 m,速度为 v_0 的汽车,关闭发动机后在水平地面上滑行了距离 l 之后停了下来,如图 7-10 所示。试求汽车受到的阻力。

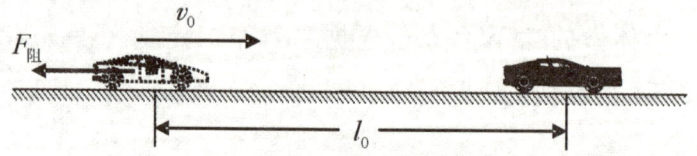

图 7-10 计算汽车受到的阻力

分析:我们讨论的是汽车从关闭发动机到静止的运动过程。这个过程的初动能、末动能都可以求出,因而应用动能定理可以知道阻力做的功,进而求出汽车受到的阻力。

解:汽车的初动能、末动能分别为 $\frac{1}{2}mv_0^2$ 和 0,阻力 $F_{阻}$ 做的功为 $-F_{阻}l$。应用动能定理,有

$$-F_{阻}l=0-\frac{1}{2}mv_0^2$$

由此解出

$$F_{阻} = \frac{mv_0^2}{2l}$$

汽车在这段运动中受到的阻力是 $F_{阻} = \frac{mv_0^2}{2l}$。

这个题目也可以应用牛顿第二定律和运动学公式求解,请同学们自己做一下。

动能定理是在牛顿运动定律和运动学公式的基础上推导出来的,所以有些问题可以用牛顿运动定律和动能定理两种方法来解答,求得的结果是相同的,由于动能定理不涉及物体运动过程中的加速度和时间,因此许多应用牛顿运动定律解答比较复杂的问题,应用动能定理来解答往往比较方便。

练习三

1. 物体动能的表达式是_____,动能是_____,它没有方向,动能的单位是_____。

2. 动能定理的内容是:合力对物体做的功,等于物体_____。

3. 一物体在水平面上运动,当速度由 0 增大到 v 时其动能的变化量与速度由 v 增大到 $2v$ 时其动能的变化量之比为( )。

    A. $1:1$ B. $1:2$ C. $1:3$ D. $1:4$

4. 下列说法正确的是( )。

    A. 物体由于运动而具有的能量叫作动能

    B. 静止的物体也具有动能

    C. 运动的物体不一定具有动能

    D. 以上说法均为错误

5. 改变汽车的质量和速度,都可能使汽车的动能发生改变。在下列几种情形下,汽车的动能各是原来的几倍?

  (1) 质量不变,速度增大到原来的 2 倍;

  (2) 速度不变,质量增大到原来的 2 倍;

  (3) 质量减半,速度增大到原来的 4 倍;

  (4) 速度减半,质量增大到原来的 4 倍。

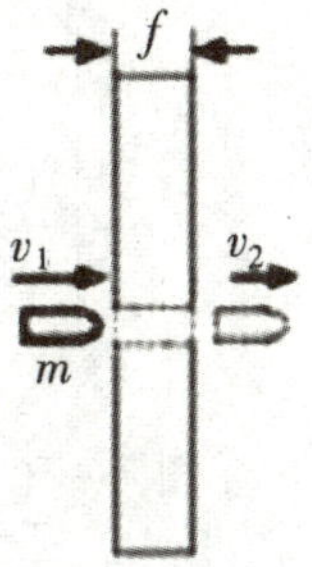

6. 质量是 2 g 的子弹,以 300 m/s 的速度水平射入厚度为 10 cm 的钢板,射穿后子弹的

图 7-11 求子弹受到的平均阻力

速度是 100 m/s，如图 7-11 所示，求子弹受到的平均阻力。

§7.4　重力势能

势能　动能是和物体的运动相互联系的，静止的物体没有动能。除了动能，我们初中还学到过势能。**相互作用的物体，凭借其位置而具有的能量叫作势能**。例如，物体被举高，弹簧被压缩或者被拉伸，此时它们都具有了势能。

物体由于被举高而具有的势能叫作**重力势能**。举到高处的重锤，储存在高处水塔中的水都具有重力势能。物体的质量越大、所处的位置越高，重力势能就越大，重力势能的表达式应该满足这些特征。被拉伸或压缩的弹簧，内部各部分之间的相对位置发生了变化，也具有势能。不只是弹簧，任何发生弹性形变的物体，如卷紧了的发条，拉弯了的弓，正在支撑运动员起跳的撑竿等，也都具有势能，他们恢复原状时都能对外做功。这种势能叫作**弹性势能**。本册书我们主要研究重力势能，对弹性势能仅作简单了解。同时，我们知道功和能是相互联系的。当物体的高度发生变化时，重力要做功，物体下降时重力做正功；物体被举高时重力做负功，因此我们可以从重力做功的角度对重力势能进行研究。

重力做的功　设一个质量为 m 的物体，从高度是 h_1 的位置，竖直向下运动到高度是 h_2 的位置，如图 7-12 所示，这个过程中重力做的功是

$$W_G = mgh = mgh_1 - mgh_2$$

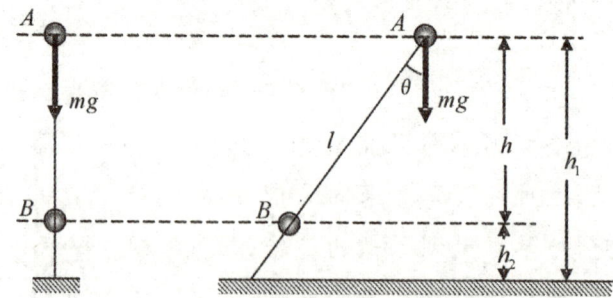

图 7-12　物体竖直下落和沿斜面下落过程中重力做的功

再看另一种情况。质量为 m 的物体仍然从上向下运动，高度由 h_1 降为 h_2，但是这次不是沿竖直方向，而是沿着倾斜的斜面直线向下运动。

物体沿直线运动的距离是 l，这一过程中重力做的功是
$$W_G = mgl\cos\theta = mgh = mgh_1 - mgh_2$$

上面两种情况，尽管物体运动的路径不同，但高度的变化是一样的，而且重力做的功也是一样的。

可以证明，物体沿任意路径由高度是 h_1 的位置下降到高度是 h_2 的位置的过程中，重力做的功都是相同的。这里的分析表明，**物体运动时，重力对它做的功只跟它的起点和终点的位置有关，而跟物体的运动路径无关**，功的大小等于物体的重量跟起点高度的乘积 mgh_1 与物体的重量跟终点高度的乘积 mgh_2 两者之差。可见，物体所受重力 mg 跟物体所处高度 h 的乘积"mgh"有一定特殊意义。

重力势能 mgh 的特殊意义在于它一方面与重力做的功密切相关，另一方面它随着高度的增加而增加、随着质量的增加而增加，恰与重力势能的基本特征一致。因此，我们把 mgh 叫作物体的**重力势能**，常用 E_p 表示，即
$$E_p = mgh$$

上式表明，**物体的重力势能等于它所受的重力与所处高度的乘积**。

与其他形式的能一样，重力势能也是标量，其单位与功的单位相同，在国际单位制中都是焦耳，符号是 J。

有了重力势能的表达式，重力做的功与重力势能的关系可以写为
$$W_G = E_{p1} - E_{p2}$$

其中 $E_{p1} = mgh_1$ 表示物体在初位置的重力势能，$E_{p2} = mgh_2$ 表示物体在末位置的重力势能。

当物体由高处运动到低处时，重力做正功，重力势能减少，也就是 $W_G > 0$，$E_{p1} > E_{p2}$。重力势能减少的数量等于重力做的功。

当物体由低处运动到高处时，重力做负功（物体克服重力做功），重力势能增加，也就是 $W_G < 0$，$E_{p1} < E_{p2}$。重力势能增加的数量等于物体克服重力做的功。

重力势能的相对性和系统性 由 $E_p = mgh$，我们知道物体的重力势能跟物体所处的高度 h 有关，而高度 h 又是相对的。我们说某点的高度 h 是相对于某一个参考平面来说的，所以重力势能也是相对的。我们说物体具有的重力势能 mgh 也是相对于某一个高度为零，重力势能也是零的参考平面来说的，这个参考平面我们称之为**零势能面**。零势能面的选取要视情况而定，通常

情况下选取地面为零势能面。凡是没有特别指明零势能面的具体位置时,都默认是选取地面为零势能面。

势能的定义是相互作用的物体凭借其位置而具有的能量,可见势能是属于相互作用的物体组成的一个系统。重力势能的变化是由重力做功来确定的,而重力是地球对物体的作用力,重力做功涉及的是重力以及地球和物体的相对位置,严格来说,重力势能是地球和物体共有的,而不是物体独有的。**重力势能属于地球和物体组成的这个系统**,通常所说的某物体具有多少重力势能,只能理解为一种简单的说法。

物理学常用的物理量的定义方法有三种:数学推导法、比值定义法和多因子乘积法。

(1) 数学推导法:根据已知的概念和规律,借助于数学推导定义物理量。例如,本章所学的动能、重力势能等物理量,都是借助数学推导定义的。

(2) 比值定义法:用两个或几个物理量的比值,定义一个新的物理量,例如,我们学过的密度、速度、加速度、功率等,都是用比值定义法定义的物理量。

(3) 多因子乘积定义法:用几个物理量的乘积,定义一个新的物理量,其中相乘的几个物理量均为被定义物理量的决定因素。例如,本章所学的功就是用多因子乘积定义的物理量。

【例题 1】质量为 60 kg 的人爬上 45 m 高的楼顶,他克服重力做了多少功?他的重力势能增加了多少?(g 取 10 m/s^2)

解: 克服重力做的功只跟上升的高度有关,而跟实际运动的路径无关,所以他克服重力做功为

$$W = mgh = 60 \text{ kg} \times 10 \text{ m/s}^2 \times 45 \text{ m} = 2.7 \times 10^4 \text{ J}$$

增加的重力势能等于他克服重力所做的功,所以,他的重力势能增加了 2.7×10^4 J。

【例题 2】质量是 2.5 kg 的钢球,自由降落了 1 s,重力对它做了多少功?它的重力势能减少了多少?(g 取 10 m/s^2)

分析: 钢球做自由落体运动,可根据自由落体运动的规律求出它在 1 s 内下落的高度 h,由 $W = mgh$ 就可以求出重力对物体做的功,它就等于钢球重力势能的减少量。

解: 钢球在 1 s 内自由下落的高度为

$$h = \frac{1}{2}gt^2 = \frac{1}{2} \times 10 \text{ m/s}^2 \times 1 \text{ s}^2 = 5 \text{ m}$$

重力对钢球做的功为

$$W = mgh = 2.5 \text{ kg} \times 10 \text{ m/s}^2 \times 5 \text{ m} = 125 \text{ J}$$

重力对钢球做的功等于钢球重力势能的减少量,即它的重力势能减少了125J。

练习四

1. 物体由于被举高而具有的能叫_____。用公式表示为_____。重力势能是_____(选填"矢量"或"标量")。物体运动时,重力对它做的功跟物体运动的路径_____。质量为 m 的物体从高度 h_1 的位置,运动到高度是 h_2 的位置,这个过程中重力做的功是_____。

2. 重力做的功与重力势能变化的关系可以写为_____。当物体由高处运动到低处时,重力做_____功(选填"正"或"负"),物体的重力势能_____(选填"增加"或"减少");当物体由低处运动到高处时,重力做_____功(填"正"或"负"),物体的重力势能_____(选填"增加"或"减少")。

3. 质量是10 kg的物体位于离地面0.8 m高的桌面上,这个物体相对于地面的重力势能是_____,相对于桌面的重力势能是_____。

4. 一个重50 N的物体,从距地面10 m高的地方自由下落,当下落5 m时的重力势能是_____;落地时的重力势能是_____;在整个下落过程中,重力势能变化了_____。

5. 质量是60 kg的人,沿着长150 m、倾角为30°的坡路走上土丘时,他的重力势能增加了_____。

6. 关于重力势能的说法,正确的有( )。

   A. 重力势能是矢量,方向竖直向下
   B. 重力势能不能有负值
   C. 重力势能的大小是相对的
   D. 重力对物体做的功等于其重力势能的增加量

7. 关于重力势能,下列说法中正确的是( )。

   A. 重力势能的大小只由物体本身决定
   B. 重力势能恒大于零

C. 在地面上的物体具有的重力势能一定等于零

D. 重力势能实际上是物体和地球所共有的

8. 如图 7-13 所示是一个物体的运动轨迹,物体的质量是 m。

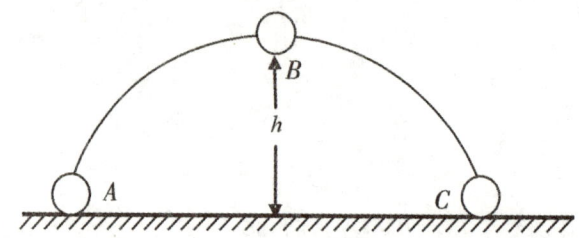

图 7-13　物体运动过程中重力的做功情况

(1) 当物体由位置 A 运动到最高点 B 时,重力所做的功是多少?物体克服重力所做的功是多少,重力势能的增加量是多少?

(2) 物体由位置 B 运动到 C 时,重力所做的功是多少?重力势能减少了多少?

(3) 物体由位置 A 运动到位置 C 时,重力所做的功是多少?

§7.5　机械能守恒定律

机械能之间的相互转化　前面我们已经学习过了两种不同形式的能:动能和势能。在物理学中,我们把动能和势能统称为**机械能**,不同形式的机械能之间是可以互相转化的。

做竖直上抛运动的物体,随着高度的增加,重力势能逐渐增加;而速度逐渐减小,动能逐渐减少。这说明竖直上抛运动的物体在上升过程中,动能不断转化为重力势能。在自由落体运动中,随着高度的降低,重力势能不断减少;同时速度逐渐增大,动能随之增大。这说明物体在自由下落的过程中,重力势能不断转化为动能。

不仅动能和重力势能之间可以相互转化,弹性势能和动能之间也可以相互转化,关于这一点我们将在本章末的阅读材料中作简单说明。

机械能相互转化是通过重力或弹力做功来实现的。重力或弹力做功的过程,也就是机械能从一种形式转化成另一种形式的过程。

机械能守恒定律　现在我们以自由落体运动为例来定量的研究动能和重力势能之间的相互转化。

如图 7-14 所示，质量是 m 的物体，从某高度自由下落到离地面高度为 h_1 处的速度为 v_1，下落到离地面高度为 h_2 处的速度为 v_2，物体在下落过程中，重力做正功。

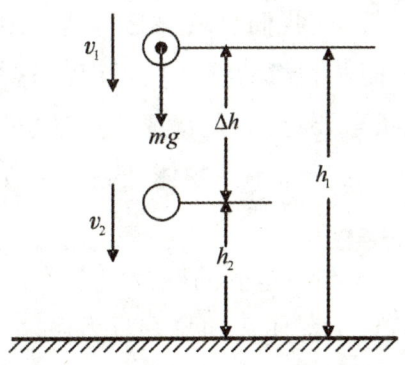

图 7-14　物体下落过程中重力做功，动能和重力势能发生变化

该物体的机械能等于它的动能和重力势能之和。我们用 E 表示机械能，则 $E = E_k + E_p$。

物体在高度为 h_1 处的机械能为

$$E_1 = mgh_1 + \frac{1}{2}mv_1^2$$

物体在高度为 h_2 处的机械能为

$$E_2 = mgh_2 + \frac{1}{2}mv_2^2$$

从动能定理我们知道，重力所做的功等于物体动能的增加量，即

$$mg\Delta h = \frac{1}{2}mv_2^2 - \frac{1}{2}mv_1^2$$

而重力做功 $mg\Delta h = mgh_1 - mgh_2$，所以

$$mgh_1 - mgh_2 = \frac{1}{2}mv_2^2 - \frac{1}{2}mv_1^2$$

也就是说重力势能的减少量等于动能的增加量。将上式移项变形后得到

$$mgh_1 + \frac{1}{2}mv_1^2 = mgh_2 + \frac{1}{2}mv_2^2$$

$$E_{p1} + E_{k1} = E_{p2} + E_{k2}$$

也就是说物体的机械能 $E_1 = E_2$。

上式表明，物体在自由下落的过程中，在任何时刻，动能和重力势能之和保持不变，即它的机械能保持不变。

可见，在只有重力做功的物体系统内，动能和重力势能可以相互转化，而总的机械能保持不变。

同样可以证明，在只有弹力做功的物体系统内，动能和弹性势能可以相互转化，总的机械能也保持不变。

由此我们总结：**在只有重力或弹力做功的系统内，动能与势能可以相互转化，而总的机械能保持不变。** 这个结论叫作**机械能守恒定律**。它是力学中的一条重要定律，是普遍能量守恒定律的一种特殊情况。

【例题 1】 一物体从高度为 h 的地方自由下落，求物体落地时的速度为多大。

分析： 这个问题我们在第二章已经研究过，现在用机械能守恒定律来解答，自由落体运动只有重力做功，因而机械能守恒。

解： 取地面为零势能面。物体开始下落时重力势能是 mgh，动能是零，机械能 $E_1 = mgh$。物体落到地面时，重力势能为零，动能是 $\frac{1}{2}mv^2$，机械能 $E_2 = \frac{1}{2}mv^2$，因为 $E_1 = E_2$，所以

$$mgh = \frac{1}{2}mv^2$$

$$v = \sqrt{2gh}$$

即物体落地时的速度为 $\sqrt{2gh}$。

可见用机械能守恒定律求解的答案，与我们在第二章运用运动学方法求得的结果完全相同。

用机械能守恒定律不但能处理直线运动的问题，而且能处理曲线运动的问题。

【例题 2】 把一个小球用细线悬挂起来，就成为一个摆，摆长为 l，最大偏角为 θ（图7-15）。如果阻力可以忽略，小球运动到最低位置时的速度是多大？

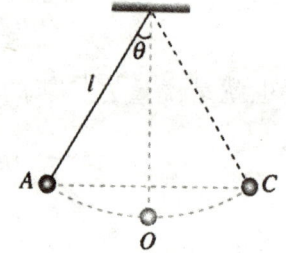

图 7-15 已知小球摆动的最大偏角计算它最低位置的速度

分析： 在阻力可以忽略的情况下，小球摆动过程中受到重力和细线的拉力。细线的拉力与小球运动方向始终垂直，不做功，所以在这个过程中只有重力做功，机械能守恒。

解： 把最低点的重力势能规定为零，以小球在最高点的状态作为初状态。在最高点的重力势能是 $E_{p1} = mg(l - l\cos\theta)$，动能为 $E_{k1} = 0$。

以小球在最低点的状态作为末状态。重力势能 $E_{p2} = 0$，而动能可以表示为

$E_{k2} = \frac{1}{2}mv^2$。

运动过程中只有重力做功,所以机械能守恒,即

$$E_{p1} + E_{k1} = E_{p2} + E_{k2}$$

把初、末状态下动能、重力势能的表达式代入上式,得

$$\frac{1}{2}mv^2 = mg(l - l\cos\theta)$$

由此解出

$$v = \sqrt{2gl(1-\cos\theta)}$$

可以看出,运用机械能守恒定律解题,只需考虑运动的初状态和末状态,不需要考虑两个状态之间的细节,比应用牛顿运动定律解题要方便得多。

 **练习五**

1. 在下面的各个实例中,除(1)外都不计空气阻力,哪些机械能是守恒的,说明理由。

(1) 跳伞运动员带着张开的降落伞在空中匀速下落;

(2) 抛出的铅球在空中运动;

(3) 人造地球卫星绕地球做匀速圆周运动;

(4) 物体沿光滑的斜面下滑;

(5) 物块在平行斜面向上的拉力 F 的作用下,沿光滑斜面匀速上升。

2. 一个重力为 10 N 的物体,从 4 m 高处自由下落,下落 1 m 时的机械能是_____。

3. 竖直上抛物体的初速度是 30 m/s,物体上升的最大高度是_____。

4. 以 20 m/s 的速度竖直向上抛出一个物体,不计空气阻力,它能达到的最大高度是多少?它上升 10 m 高时的速度是多少?它返回抛出点时的速度是多少?(g 取 10 m/s²)

5. 如图 7-16 所示,一物体从静止开始,沿着四分之一的光滑圆弧轨道从 A 点滑到最低点 B,已知圆半径 $R = 4$ m,物体滑到 B 点时

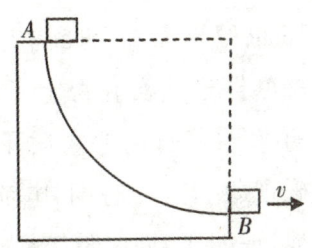

图 7-16 物体沿光滑轨道下滑

速度大小是多少？(g 取 10 m/s^2）

§7.6 能量守恒定律

我们可以从千差万别的自然现象中抽象出一个贯穿其中的量——能量，这说明不同的运动形式在相互转化中有数量上的确定关系。

我们曾经学过的声、光、热、电、磁、力等各种现象，都与能量有着密切的联系。本章描述的机械能守恒定律是普遍的能量守恒定律的一种特殊形式。包括机械能守恒在内的能量守恒思想的萌芽，尽管出现时都是十分模糊的，却是后人总结和概括出普遍能量守恒定律的依据。

导致能量守恒定律确立的两个重要事实是：一个是确认了永动机的不可能性，另一个是发现了各种自然现象之间的相互联系与转化。到了 19 世纪 40 年代前后，科学界已经形成了一种思想氛围，即用联系的观点去观察自然。不仅各种机械能之间可以相互转化，电流也可以产生化学效应，电现象和磁现象可以相互转化，热和电也可以相互转化……这预示着，把分离的环节连成一体的时刻已经到来，也就是到了建立能量转化和守恒定律的时候了。在这种情况下，不同国家、不同领域的十几位科学家，以不同的方式，各自独立地提出：**能量既不会凭空产生，也不会凭空消失，它只能从一种形式转化为另一种形式，或者从一个物体转移到另一个物体，在转化或转移的过程中，能量的总量保持不变。**

能量守恒定律是建立在自然科学发展的基础上的，从 16 世纪到 18 世纪，经过伽利略、牛顿、惠更斯、莱布尼茨以及伯努利等许多物理学家的认真研究，使动力学得到了较大的发展，机械能的转化和守恒的思想在这一时期已经萌发。18 世纪末和 19 世纪初，各种自然现象之间联系相继被发现。伦福德和戴维的摩擦生热实验否定了热质说，把物体内能的变化与机械运动联系起来。1800 年发明伏打电池之后不久，又发现了电流的热效应、磁效应和其他的一些电磁现象。这一时期，电流的化学效应也被发现，并被用来进行电镀。在生物学界，证明了动物维持体温和进行机械活动的能量跟它们所摄取的食物的化学能有关，自然科学的这些成就，为建立能量守恒定律做了必要的准备。能量守恒定律的最后确定,是在19世纪中叶由迈尔、焦耳和亥姆霍兹等人完成。德国医生迈尔是从生理学的角度开始对能量进行研究的。1842年,他从"无不生有,有不变无"的哲学观念出发,表达了对能量转化和守恒思想的兴趣,他分析了25种能量的转化和守恒现象,成为世界上最先阐述能量守恒思想的人。英国物理学家焦耳从1840年到1878年将近40年的时间里,研究了电流的热效应,压缩空气的温度升高以及电、化学和机械作用之间的联系,做了400多次实验,用各种方法测定了热和功之间的能量关系,为能量守恒定律的发现奠定了坚实的实验基础。在1847年,当焦耳宣布他的能量观点的时候,德国学者亥姆霍兹在柏林也宣读了同样课题的论文,在这篇论文里,他分析了化学能、机械能、电磁能、光能等不同形式的能量的转化和守恒,并且把结果跟永动机不可能制造成功联系起来,他认为不可能无中生有地创造一个永久的推动力,机器只能转化能量,不能创造和消灭能量。亥姆霍兹在论文里对能量守恒定律作了一个清晰、全面地论述,使这一定律为人们广泛接受。在19世纪中叶,还有一些人也致力于能量守恒地研究。他们从不同的角度出发,彼此独立地研究,却几乎同时发现了这一伟大的定律。因此,能量守恒定律的发现是科学发展的必然结果。此时,能量转化和守恒定律得到了科学界的普遍承认。这一原理指出:自然界的一切物质都具有能量,对应于不同的运动形式,能量也有不同的形式,如机械运动的动能和势能,热运动的内能,电磁运动的电磁能,化学运动的化学能等,他们分别以各种运动形式特定的能量状态而存在。当运动形式发生变化或运动量发生转移时,能量也从一种形式转化为另一种形式,从一个系统传递给另一个系统,在转化和传递中总能量始终不变。恩格斯曾经把能量转化和守恒定律称为"伟大的运动基本规律",认为它的发现是19世纪自然科学的三大发现之一。

能量守恒定律的建立过程,是人类认识自然的一次重大的飞跃,是哲学和自然科学长期发展和进步的结果。它是最普遍、最重要、最可靠的自然规律之一,而且是大自然普遍和谐性的一种表现形式。和谐美是科学的魅力所在。

能源是人类社会活动的物质基础。现在社会煤炭和石油称为人类的主要能源。尽管能量守恒定律的建立告诉我们能量不会消失,但是我们仍然要把节约资源,合理利用资源放在重要的位置,具体原因有以下两方面。

首先,煤炭和石油资源是有限的。以现在的开采和消耗速度,石油储藏将在百年内用尽,煤炭也不可能永远持续利用。同时,大量煤炭和石油产品在燃烧时排出的气体改变了大气成分,甚至加剧了气候的变化。

另一方面,燃料燃烧时一旦把自己的热量释放出来,就不会再次自动聚集起来供人类重新利用。

能量耗散表明,在能源利用的过程中,即在能量转化的过程中,能量在数量上虽未减少,但在可利用的品质上降低了,从便于利用变成不便于利用了。这是能源危机的深层次含义,也是"自然界的能量虽然守恒,但还是要节约能源"的根本原因。

本章知识小结

1. 功和功率　力和物体在力的方向上的位移,是做功的两个不可缺少的因素。力对物体所做的功,等于力的大小、位移的大小、力与位移夹角的余弦这三者的乘积。

$$W = Fl\cos\alpha$$

力对物体做功的过程就是物体能量转化的过程。功是能量转化的量度。

功率是表示物体做功快慢的物理量,它等于功和完成这些功所用时间的比值。其定义式为

$$P = \frac{W}{t}$$

常用的计算式有 $P=Fv$,其中,若 v 为瞬时速度,则 $P=Fv$ 为瞬时功率;若 v 为平均速度,则 $P=Fv$ 为平均功率。

2. 动能　物体由于运动而具有的能量叫动能。物体的动能等于它的质量和它的速度的平方的乘积的一半,即

$$E_k = \frac{1}{2}mv^2$$

3. 动能定理　力在一个过程中对物体做的功,等于物体在这个过程中动能的变化。这个结论叫作动能定理。动能定理的表达式为

$$W = E_{k2} - E_{k1} = \frac{1}{2}mv_2^2 - \frac{1}{2}mv_1^2$$

4. 重力势能　物体运动时,重力对它做的功只跟它的起点和终点的位置有关,而跟物体的运动路径无关。这是重力做功的特点。

物体由于被举高而具有的能量叫作**重力势能**。物体的重力势能等于它所

受的重力与所处高度的乘积。

$$E_p = mgh$$

重力做功等于物体重力势能的减少量。当重力做正功时,物体的重力势能减少;当重力做负功时,重力势能增加。

重力势能具有相对性。我们说物体具有的重力势能 mgh 是相对于某一个高度为零,重力势能也是零的参考平面来说的,这个参考平面我们称之为**零势能面**。零势能面的选取要视情况而定,通常情况下选取地面为零势能面。凡是没有特别指明零势能面的具体位置时,都默认是选取地面为零势能面。

重力势能是地球和物体共有的,而不是物体独有的。重力势能属于地球和物体组成的这个系统,通常所说的某物体具有多少重力势能,只能理解为一种简单的说法。

5. 机械能守恒定律　动能和势能统称为**机械能**。在只有重力或弹力做功的系统内,动能与势能可以相互转化,而总的机械能保持不变。这个结论叫作**机械能守恒定律**。

机械能守恒定律成立的条件是只有重力或弹力做功。

6. 能量守恒定律　能量既不会凭空产生,也不会凭空消失,它只能从一种形式转化为另一种形式,或者从一个物体转移到另一个物体,在转化或转移的过程中,能量的总量保持不变。这就是**能量守恒定律**。

能量守恒定律是最普遍、最重要、最可靠的自然规律之一。

弹性势能

被拉伸或压缩的弹簧,内部各部分之间的相对位置发生了变化,也具有势能。不只是弹簧,任何发生弹性形变的物体,如卷紧了的发条、拉弯了的弓、正在支撑运动员起跳的撑竿等,也都具有势能,在它们恢复原状时都能对外做功。这种势能叫作**弹性势能**。

势能的单位与功的单位是一致的。确定弹性势能的大小需选取零势能的状态,一般选取弹簧未发生任何形变,而处于自由状态的情况下其弹力势能为零。弹力对物体做功等于弹性势能减少量。即弹力所做的功只与弹簧在起始状态和终止状态的伸长量有关,而与弹簧形变过程无关。弹性势能是以弹力的存在为前提,所以弹性势能是发生弹性形变,各部分之间有弹性力作用的物体所具有的。如果两物体相互作用都发生形变,那么每一物体都有弹性势能,总弹性势能为二者之和。下面我们从两个方面来探讨一下弹性势能的表达式。

一、弹性势能的零点选择问题

势能值只具有相对意义,即它是相对于势能零点来讲的,而势能零点的选择具有任意性,通常为了解题的方便,灵活恰当地选取零势能点,重力势能如此,弹性势能也不例外。由于教材中事先以弹簧自由长度处为弹性势能零点,大家也习惯于选择自由长度处为弹性势能零点,所以就引起一种错觉,似乎弹性势能的零点只能取在弹簧的自由长度处。其实不然,弹性势能的零点原则上可以任意选取。如果弹性势能的零点取在弹簧自由长度处,根据功与能的关系,在由零势能状态变化到任一状态的过程中,弹力总是做负功的,因此由零势能状态到任意状态弹性势能总是增加的,故当以弹簧自由长度处为弹性势能零点时,弹性势能总是正值。如果弹性势能的零点不选在弹簧自由长度处,则系统在任意状态下的弹性势能不能保证总是正值,即在某些状态下可能是正值,而在另外一些状态下可能为负值。

二、弹性势能的计算问题

当弹性势能零点确定后,可根据功与能的关系,即"弹力的功等于弹性势能增量的负值",计算出任一状态下系统的弹性势能。

1. 以自由长度处(O点)为弹性势能的零点

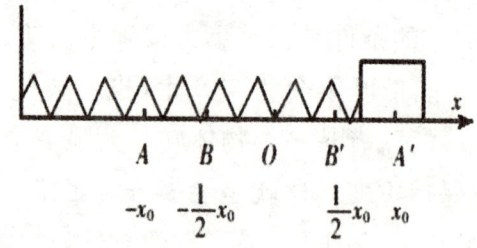

图 7-17

如图 7-17 所示,将物体从 $O \to A'$ 点过程中,弹簧被拉伸,弹力的功为

$$W_{O \to A'} = -\frac{0 + kx_0}{2} = -\frac{1}{2}kx_0^2$$

式中 kx_0 为 A' 处弹力大小,因此该过程中弹力做负功。所以加上"一"。根据功与能的关系,物体在 A' 时,系统的弹性势能为 $E_{pA'} = \frac{1}{2}kx_0^2$。

当物体位于 A 点时,弹簧被压缩,压弹簧过程中弹力的功为

$$W_{O \to A'} = -\frac{0 + kx_0}{2} = -\frac{1}{2}kx_0^2$$

根据功与能的关系,物体在 A 时,系统的弹性势能为 $E_{pA} = \frac{1}{2}kx_0^2$。

同理可以计算出:

物体位于 B 点和 B' 点时系统的弹性势能为: $E_{pB} = E_{pB'} = \frac{1}{8}kx_0^2$。

画出弹性势能(E_P)与形变量的平方(x_0^2)关系的图像,如图 7-18 所示。

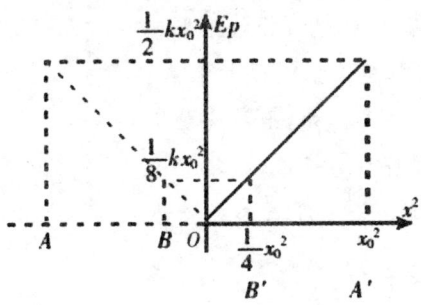

图 7-18

从图像中可以直观地看出,选弹簧自由长度处为势能零点时,系统具有的弹性势能值均为正值。A、A' 点的势能值相同,B、B' 点的势能值相同。物体从 $B\to A$ 的过程中,弹力做负功,系统的弹性势能由 $\frac{1}{8}kx_0^2$ 增加到 $\frac{1}{2}kx_0^2$,物体从 $B'\to A'$ 的过程中,弹力做负功,系统的弹性势能由 $\frac{1}{8}kx_0^2$ 增加到 $\frac{1}{2}kx_0^2$。

2. 以 B 点为弹性势能零点

如果选 B 点为势能零点,物体由 B 点运动到 O 点过程中,弹力做正功,系统的弹性势能减少,故当物体位于 B 点和 O 点之间时,系统的弹性势能为负值。由 $B\to O$ 弹力所做的功为

$$W_{B\to O}=\frac{0+\frac{1}{2}kx_0}{2}\times\frac{1}{2}x_0=\frac{1}{8}kx_0^2$$

由功与能的关系可知,物体在 O 时,系统的弹性势能为 $E_{PO}=-\frac{1}{8}kx_0^2$。

当物体再从 $O\to B'$ 的过程中,弹簧被拉伸,弹力做负功,弹性势能增加,弹力所做的功为

$$W_{O\to B'}=-\frac{0+\frac{1}{2}kx_0}{2}\times\frac{1}{2}x_0=-\frac{1}{8}kx_0^2$$

根据功与能的关系,物体从 $O\to B'$ 的过程中,系统的弹性势能由 $-\frac{1}{8}kx_0^2$ 增加到 0。

同理,物体从 $B\to A$ 的过程中,弹力做负功,系统的弹性势能由 0 增加到 $\frac{3}{8}kx_0^2$,物体从 $B'\to A$ 的过程中,弹力做负功,系统的弹性势能由 0 增加到 $\frac{3}{8}kx_0^2$。

画出弹性势能(E_P)与形变量的平方(x^2)关系的图像,如图 7-19 所示。

从图像中也可看出,选弹簧 B 处为势能零点时,系统具有的弹性势能值有正值也有负值,并且系统有两个弹性势能为零的位置。A、A' 点的势能值相同,B、B' 点的势能值相

同。

从以上分析计算可以清楚地看出:若以弹簧自由长度处为弹性势能零点,则弹性势能恒为正值。若弹性势能零点不选弹簧自由长度处,则系统在任意状态下的弹性势能不能保证总为正值,在某些状态下可能为负值。如在上例中当以 B 点为弹性势能零点时,物体位于 B、B' 之间($-\frac{x_0}{2}<x<\frac{x_0}{2}$)的诸状态时,系统的弹性势能均为负值。

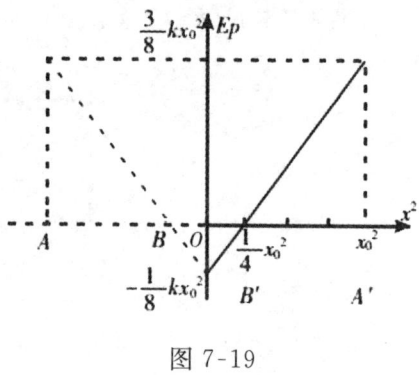

图 7-19

另外,以不同位置为弹性势能零点时,同一位置的弹性势能值是不同的。但任意两确定状态的弹性势能差是不变的。不论以 O 点或 B 点为弹性势能零点,O、$A(A')$ 之间的势能差仍为 $\frac{1}{2}kx_0^2$;A、B 或 A'、B' 间的势能差仍为 $\frac{3}{8}kx_0^2$;A、A' 或 B、B' 间的势能差仍为 0。所以,弹性势能概念中具有实质意义的仍然是势能的增量。

复 习 题

一、选择题

1. 起重机将货物举起相同的高度,以下哪一种情况下重力做的功最多( )。

  A. 匀加速举起 B. 匀速举起 C. 匀减速举起 D. 一样多

2. 下列说法正确的是( )。

  A. 做功的力是矢量,所以功是矢量

  B. 力和位移都是矢量,所以功是矢量

  C. 功有正功和负功的区别,所以功是矢量

  D. 功是没有方向性的,所以功是标量

3. 一物体在水平面上运动,当速度由 0 增大到 v 时其动能的变化量与速度由 v 增大到 $3v$ 时其动能的变化量之比为( )。

  A. 1∶6 B. 1∶2 C. 1∶8 D. 1∶4

4. 在如图 7-20 所示的几种情况,系统的机械能守恒的是( )。

  A. 一颗弹丸在内表面粗糙的碗内做复杂的曲线运动[图(a)]

  B. 运动员在蹦床上越跳越高[图(b)]

  C. 图(c)中小车上放一木块,小车的左侧有弹簧与墙壁相连,小车在

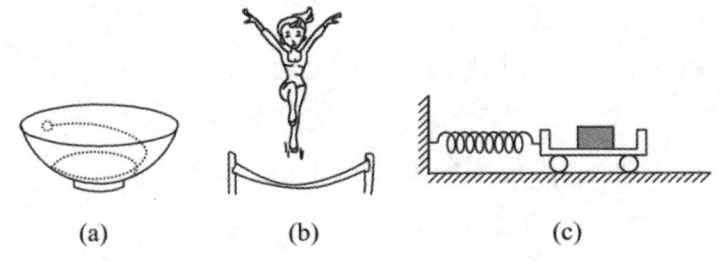

图 7-20

左右振动时,木块相对于小车无滑动(车轮与地面摩擦不计)

　　D. 图(c)中小车振动时,木块相对小车有滑动

5. 下述物体机械能守恒的是(　　)。

　　A. 沿着粗糙的斜面匀加速下滑的物体

　　B. 做自由落体运动的小球

　　C. 跳伞运动员打开降落伞下降的过程中

　　D. 在电梯里匀速上升的人

6. 正功和负功取决于(　　)。

　　A. 力的方向　　　　　　　　B. 位移的方向

　　C. 力和位移方向间的夹角　　D. 力的性质

7. 某人从梯子底端走到梯子顶端,第一次用了 20 s、第二次用了 30 s。他前后两次克服重力做的功和功率,下列说法正确的是(　　)。

　　A. 功相同,功率相同　　　　B. 功不同,功率相同

　　C. 功相同,功率不同　　　　D. 功不同,功率不同

8. 下列物体具有动能的有(　　)。

　　A. 运动的空气　　　　　　　B. 桶中的水

　　C. 发射架上的导弹　　　　　D. 弓上的箭

9. 下列说法正确的是(　　)。

　　A. 物体由于运动而具有的能量叫作动能

　　B. 静止的物体也具有动能

　　C. 运动的物体不一定具有动能

　　D. 以上说法均为错误

10. 物体做下列几种运动,其中遵守机械能守恒的是(　　)。

　　A. 自由落体运动

　　B. 在竖直方向做匀速直线运动

C. 汽车匀速上坡

D. 粗糙的水平面上的匀速直线运动

二、填空题

1. 如图 7-21 所示,物体沿斜面匀速下滑,在这个过程中物体所具有的动能_____,重力势能_____,机械能_____。(选填"增加"、"不变"或"减少")

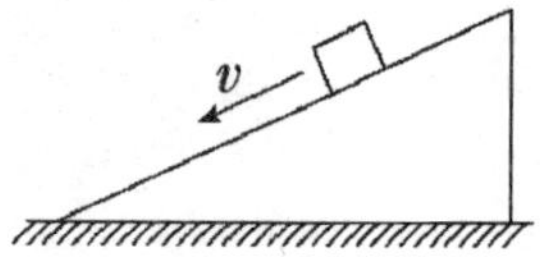

图 7-21

2. 物体动能的表达式是_____,动能是_____,它没有方向,动能的国际制单位是_____。

3. 动能定理的内容是力在一个过程中对物体做的功,等于物体在这个过程中_____。

4. 在只有_____或_____做功的物体系统内,_____和_____可以互相转化,而总的机械能_____。这就是机械能守恒定律。

5. 质量是 5 kg 的物体位于离地面 0.9 m 高的桌面上,这个物体相对于地面的重力势能是_____,相对于桌面的重力势能是_____。

6. 用 180 N 的拉力将地面上一个质量为 10 kg 的物体提升 10 m(重力加速度 g=10 m/s²,空气阻力忽略不计)。拉力对物体所做的功是_____ J,物体被提高后具有的重力势能是_____ J(以地面为零势能参考面),物体被提高后具有的动能是_____ J。

7. 当物体由高处运动到低处时,重力做_____功(选填"正"或"负"),物体的重力势能_____(选填"增加"或"减少");当物体由低处运动到高处时,重力做_____功(选填"正"或"负"),物体的重力势能_____(选填"增加"或"减少")。

8. 能量守恒定律的内容是:_____。

三、判断题

1. 功有正功和负功,所以功是矢量。(　　)

2. 功和能量的国际单位都是焦耳。(　　)

3. 合力在一个过程中对物体所做的功等于物体在这个过程中动能的变化量。(　　)

4. 重力势能是地球和物体共同具有,而不是物体单独具有的。(　　)

5. 地面上的物体的重力势能一定等于零。(　　)

6. 重力对物体做正功的过程中,物体的重力势能一定增加。(　　)

7. 只有重力或弹性力做功的过程中物体系统的机械能守恒。(　　)

8. 在能源利用过程中,能量虽然在数量上没有减少,但在可利用的品质上降低了,从便于利用变成不便于利用了。(　　)

四、计算题

1. 一颗质量 $m=10$ g 的子弹,以速度 $v=600$ m/s 从枪口飞出,子弹飞出枪口时的动能为多大? 若测得枪膛长 $l=0.6$ m,则火药引爆后产生的高温高压气体在枪膛内对子弹的平均推力多大?

2. 一根长为 l 且不可伸长的轻质细绳,一端固定于 O 点,另一端拴一质量为 m 的小球. 现将小球拉至细绳沿水平方向绷紧的状态,由静止释放小球,如图 7-22 所示。若不考虑空气阻力的作用,重力加速度为 g,则小球摆到最低点 A 时的速度大小为多少?

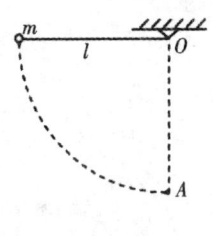

图 7-22